大方
sight

献给创建珠穆朗玛峰保护区和保护珠峰的人们！

珠峰夕照
董磊 / 摄

塔尔羊（*Hemitragus jemlahicus*）肖像
彭建生／摄

成丛的糙毛龙胆（*Gentiana pedicellata*）
董磊 / 摄

棕尾虹雉（*Lophophorus impejanus*）肖像
董磊／摄

珠穆朗玛

鲜 为 人 知 的 生 灵 秘 境

Mount Qomolangma
A Little-known Mysteryland of Life

万科公益基金会　珠穆朗玛峰国家级自然保护区管理局　著

中信出版集团 | 北京

图书在版编目（CIP）数据

珠穆朗玛 ：鲜为人知的生灵秘境 ／ 万科公益基金会，
珠穆朗玛峰国家级自然保护区管理局著. -- 北京 ：中信
出版社，2022.4
　ISBN 978-7-5217-3884-1

　Ⅰ.①珠… Ⅱ.①万… ②珠… Ⅲ.①珠穆朗玛峰－
普及读物 Ⅳ.①P942.75-49

　中国版本图书馆CIP数据核字（2021）第273353号

珠穆朗玛：鲜为人知的生灵秘境
著者：万科公益基金会 珠穆朗玛峰国家级自然保护区管理局
出版发行：中信出版集团股份有限公司
　　（北京市朝阳区惠新东街甲4号富盛大厦2座 邮编 100029）
承印者：北京利丰雅高长城印刷有限公司
开本：787mm×1092mm 1/8　　印张：27.75　　字数：100千字
版次：2022年4月第1版　　印次：2022年4月第1次印刷
书号：ISBN 978-7-5217-3884-1
定价：299.00元

夜幕降临时的雪山、森林和湖泊
董磊／摄

序一

今年年初，我突然接到珠峰保护区管理局前局长普琼的电话。我们已十余年未见，他专门找到我的电话就为提出一个请求：要我为刚刚完稿的《珠穆朗玛》画册写序。我听后十分诧异，因为为书写序实为官员与名人之事，但普琼十分诚恳地对我说："这部画册之序只有你才有资格来写，这也是保护区全体工作人员对你的期望。"听到他这席肺腑之言，我顿时无语了。因为我知道他们最想听到的是珠峰保护区亲创者的真实感言，而不是一些作序者时常借之自我炫耀、堆砌辞藻或阿谀著者。为此我即时爽快地应充了他的请求。

不久，珠峰雪豹保护中心的执行主任拱子凌与我取得了联系，并将该书刚刚完成的画册稿件发给了我。当我看到稿件中珠峰夕照壮美的画面时，早已封存于脑海中的记忆立刻被激醒，创建珠峰保护区的诸多历史画面依序展现在我眼前。然而最先出现的却是很少为人所知的美国人丹尼尔·泰勒（Daniel Taylor）在珠峰活动的影像。或许只有我才知道：珠峰保护区能有今日的辉煌，始创的功劳应归于丹尼尔·泰勒。

35年前，泰勒任美国高山研究所（Woodland Mountain Institute）所长。该所是以保护山地自然生态系统和开展青年课外拓展教育为目的的公益性组织。其经费主要来源于美国自然保护热心人士的捐款，财力极其有限。泰勒是哈佛大学的博士，在校就读期间与尼泊尔比兰德拉王储是同窗好友。比兰德拉即位后经常邀他去尼泊尔帮其理国。泰勒之父老泰勒曾是联合国儿童基金会的官员，泰勒小时常随父到印度、尼泊尔等南亚山地国家工作考察，这使他对喜马拉雅山区的人民与自然充满了感情。有一次，他受邀去珠峰南坡的尼泊尔萨迦玛达国家公园考察，乘直升机巡查时，发现在珠峰东侧的马卡鲁峰山谷中竟有一片保存完好的原始森林并一直延伸到我国境内。他看到后十分兴奋，返回后立即建议国王将该区保护起来。该建议得到了国王的大力支持，尼泊尔相关部门立刻开始了马卡鲁—巴隆自然保护区的筹建。但延伸至中国的那片原始森林始终令他难以释怀。喜马拉雅山地南坡、北坡实为一体，均应得到很好的保护。秉承这一理念，他来到了中国，开始了推动保护珠峰的艰难历程。

我作为李文华院士推荐的中方专家，有幸自始至终参与这一工作。自1985年起，泰勒博士就多次组织美国各方专家来藏考察，并与当时的西藏自治区农委、林业局的姚培智主任、尹炳高局长及日喀则地区的加宝、乔元忠、邹永泗专员和下属各县领导诚心交谈，向他们说明保护珠峰的重要性。但由于语言的障碍，工作进展十分缓慢，两年未果。为沟通方便，1987年，他特地委派了美籍华人苏君玮女士专门进藏推动此项工作。经过三年的艰苦努力，泰勒保护珠峰的诚心终于感动了与其接触过的所有人。外国友人都如此诚心诚意地保护西藏的自然山水与生灵，作为西藏高原的子民，更应真诚热爱与保护这片圣洁的土地。功夫不负有心人，1988年，西藏自治区领导终于痛下决心，停止了已完成前期道路修建的脱隆沟（泰勒直升机上所见原始森林分布处）森林采伐项目，决定创建珠穆朗玛峰国家级自然保护区，并极其难得地接受了专家意见，将日喀则地区唯一的伐木基地——吉隆沟划入保护范围。为推进双方合作，西藏自治区人民政府特别成立了由自治区秘书长樊万斌为主任的珠穆朗玛峰国家级自然保护区工作委员会。1988年，双方签署了合作协议书，共同开始了珠峰保护区的创建工作。同年3月18日，珠穆朗玛峰自然保护区在拉萨西藏饭店正式宣告成立。随后很快落实了管理机构，陆续建立了保护区管理局和四县分局。

珠峰保护区成立后，泰勒首先做的事就是帮助保护区培训管理人员。他精心组织了多批相关领导与保护区管理者到国外保护区参观学习和培训英语，极大地开阔了他们的眼界，提高了他们的科学文化素养，为其后保护区独立完成数十项国际合作项目打下了扎实的基础。另外，在泰勒的支持下，保护区成立了中外联合专家组，并以联合国教科文组织世界人与生物圈保护区的建区理念为指导，对保护区进行全面深入的综合科学考察。在此基础上确定了保护区的边界，科学划分了各功能区，并明确珠峰保护区是以保护举世罕见的喜马拉雅极高山生态系统及其相临高原自然景观和区内丰富而独特的生物多样性以及具有重大科学价值的地史遗迹和藏族历史文化为主要保护对象的综合性保护区。

1991年，保护区制定了总体发展战略及1990—2000

年发展规划，并于1992年经自治区政府第12次常委会讨论通过。1994年，珠峰保护区晋升为国家级保护区；2004年，加入世界人与生物圈保护区网络；2006年，被国家林业局列入国家示范保护区。

总之，珠峰保护区创建的一切工作都是在严格的科学指导下进行的，并取得了巨大成绩。但需要指出的是：这些成绩的取得最主要的原因是参与此项工作的所有人都怀有一颗对珠峰山水、生灵、人民真挚热爱的心。特别令人感动的是：当泰勒得知位于保护区北大门的定日急需建一个游客接待与宣教中心时，他当即决定拿出20万美元支持这一项目。后来，他因违反捐助程序而被罢免了所长，但他并不后悔，而是又成立了富群环境基金会，继续支持珠峰保护区的工作。他任命的该项目负责人苏君玮女士更是不顾年事已高，身体欠佳，连续数十年，年年深入珠峰保护区工作，最后因患癌症不幸去世。保护区按其生前愿望，将其骨灰撒于珠峰脚下，永与珠峰为伴。撒放时绒布寺的僧侣专门为她举行了隆重的祈祷法会。本画册中，她请香港艺术家设计的珠峰保护区标志也成了对她永久的纪念！

保护区的各级管理人员更是尽心尽责，在保护区成立后精心守护着这片圣土。我始终难以忘怀的是定日分局的边巴局长，每年他都要带人用拖拉机将珠峰大本营的垃圾清运干净；而吉隆分局的普布次仁局长则精心保护着美丽的吉隆沟，使这一曾遭严重砍伐的谷地森林恢复了美丽的容貌。托我写序的普琼局长则有着更多感人的故事。他由于孩子小无人照看，不得不开车带自己仅3岁的儿子到保护区各县巡查。而最令人痛心的是保护区工作人员，因巡山迷路，为保护珠峰献出了年轻宝贵的生命。

在保护区初创阶段，珠峰保护区的各级管理人员在资金极其匮乏的情况下，秉承着在保护自然的同时，还要帮助当地人民改善生活的建区宗旨，积极发展国际合作，引入了十余个国际合作项目。如清洁饮水工程、小额贷款、国际医疗保健、高山技能培训等，直接惠及生活在保护区的三万余农牧民。自治区林业局自然保护处的卓玛央宗处长，为此耗尽了精力。在这些项目中，尤以富群基金会的"潘得巴"项目成果最为突出。"潘得巴"是藏语"乡村福利"的音译。该项目从居民饮水、小额贷款、产妇接

生、帐篷商店直到学校教师培训，凡是老百姓关心的事都想方设法予以解决，使保护区民众把保护珠峰当成自己的责任。在珠峰保护区，保护与发展融为一体，人人都成了珠峰的守护者。正是因为如此，珠穆朗玛峰国家级自然保护区得到了精心的保护，这就为今日画册的编撰奠定了坚实的基础。所以，我建议在这本书的扉页写上："献给创建珠穆朗玛峰保护区和保护珠峰的人们！"

但是，珠峰保护区的创建与发展并不是一帆风顺的。政治维稳、经济发展与自然保护之间始终存在着尖锐的矛盾。十余年前，保护区管理局被取消，这直接造成保护区大量人才流失，国际合作项目终止。珠峰的自然保护工作坠入低谷。在世界人与生物圈保护区进行十年评估时，珠峰保护区差点被摘牌，令人极度痛心。

在接到普琼局长电话时，我当时都不敢相信珠峰保护区怎么能在如此短的时间内恢复了元气，并完成了我们创区初始即想完成之事！

怀着这一疑问继续阅读书稿，力图找到答案。这时我才发现这本书的作者是万科公益基金会和珠穆朗玛峰国家级自然保护区管理局。

此时，我脑中的疑云更浓了。此万科公益基金会是何方神圣，竟与中国最大的房地产企业重名！

虽然作为科学工作者，我对商企特别是有原罪之嫌的房地产企业鲜有兴趣，但万科企业有限公司之大名还是早有耳闻。这主要是因为该企业敢为人先，是我国第一个实现股份制改革的上市企业，并成为我国房地产企业的领跑者。2020年，营业收入达3678亿元人民币；2021年6月，万科位列当年福布斯全球企业2000强的第96位。更令我印象深刻的则是其创始人王石。在百度中，他被称为中国地产"教父"，中国企业家中阳光式的领袖人物。2020年4月2日，在新冠肺炎疫情肆虐世界的严峻形势下，他将企业股2亿万科股票市值53.76亿元捐给清华大学，以设立"清华大学万科公共卫生与健康学科发展专项基金"，这一壮举深深震撼了我。但最使我钦佩的还是他的超强毅力！他在53岁和59岁时曾两次登顶珠峰，并成功登上世界七大洲的最高峰，还徒步到达南北两极极点，完成了极限运动的"7+2"壮举！

为释此疑，我专门上百度查阅了"万科公益基金会"。果不其然，此万科即彼万科。2008年，王石从房地产激流勇退后，又秉承"面向未来，敢为人先"的理念建立了这一公益组织，以实际行动回馈社会。

　　时下，我国企业从事各项公益活动已成时尚。但究竟是借施善以财换名，还是发自内心的乐善好施，实是真假难辨，对此我有着极为深切的体会。1994年，我们提出了雅鲁藏布大峡谷为世界第一大峡谷的论点。当时急需资金以组织科考队全程穿越大峡谷进行GPS测量论证，但四年筹资未果。直到1998年才勉强求得多家商企赞助，凑足经费得以出行。未曾想在考察过程中，主赞助商企却因在央视的广告效益未达自己目标而中途撤资。这导致整个考察队资金断裂，民工费均难以支付。这一事实常使我对诸商企所谓的"公益慈善行为"存疑。先前我之所以对万科公益基金会生疑即是因为珠峰的雪豹保护项目纯粹是一个需长期投入而短期难以取得显著公益效应的基础科研项目，这类项目连国家的科研基金都难以支持，对商企而言，更

是既赔本又赚不到吆喝，一般的商企自然对此避之不及。但万科公益基金会却毅然支持了这一项目，不仅每年出资200万元研究经费，而且还支持撰写了这本画册。以我推测：这一定是王石在攀登珠峰时对保护区壮美的极高山自然景观产生了发自心灵深处的热爱，因而促使其基金会全力支持这一项目。我也希望这部用真爱凝成的画册亦能引导诸商企将爱的目光从光鲜的名人伟事中稍许转些到默默无闻守护我国生态安全的自然保护地事业上！

　　画册最核心的部分——"摄影图片"给我的感受是无比震撼！该画册的摄影团队怀着难以想象的激情，冒着生命危险，克服了常人无法战胜的困难去探索珠峰这一生灵秘境。正因为他们的无畏与执着，才使我们能欣赏到如此之多的珍稀生灵的倩影。在这其中最为珍贵的当属亚洲胡狼和美花绿绒蒿，这是我国科学家首次发现我国的新分布动物和世界植物新种；次者当属雪豹，在建立珠峰保护区时，它就被定为珠峰的标志性珍兽。与我国其他保护区相比，珠峰保护区雪豹的数量与分布密度都居首位。除此之

珠穆朗玛峰国家级自然保护区
董磊／摄

外，摄影师的几张精品佳作极大提升了画册的品位：名峰林立的喜马拉雅山脉，身着梦幻彩羽的棕尾虹雉，特别是那长鬃飘逸的喜马拉雅塔尔羊，它饱含深情祈求人类呵护的目光直戳我的心脏！唯一遗憾的，就是画册图片中鲜见冰雪的光影。泛着蓝色光芒的冰川雪岭应是雪域珠峰壮美之所在！

本画册的独特之处还在于文字，这是诸多画册编著者时常忽略的。这本画册的四名摄影者中有三位具有理工根底，尤其是徐波，其本身就是高山植物学研究者。这使得整本画册的编撰都在严格的科学指导下进行，每幅图片都配有深入科学的解释，整本画册不仅美不胜收，而且还有着深邃的科学内涵。这正秉承了珠峰保护区创建时的基础理念：尊重科学。

与此同时，著者又摆脱了研究者的严肃与拘谨，其深厚的文学功底迸发出生动精略的文辞，使得本画册升华为同类作品中罕有的精品。当然，前期如果有地学等其他学科研究者的加入，那么该画册的品位又会有更大的提升。

最后，我衷心祝愿这本画册能为每位读者带来美的享受，希望这些珍稀的图片能震醒内卷与躺平于都市牢笼中的人们！到珠峰保护区来参观、访问、旅游乃至科研吧！这里的雪原、冰峰、茂林、碧湖与生于斯长于斯无数纯洁美丽的生灵，纯朴的农牧民一定会帮你洗涤无尽的烦恼，剪破恶魔编织的权钱欲网，还你洁净的灵魂！

此外，我还要借此良机献给珠峰保护区的同仁们一句祝语：继承创区先辈的优良传统，呵护好珠峰壮丽的雪域高山、碧流冰川以及珍丽无比、纯洁无瑕的生灵！与此同时，保护好当地独特的民俗文化，为实现雪域高原社会经济的可持续发展作出更大贡献！

李志毅

中国科学院植物研究所　研究员

2021年9月

序二

对于珠峰，我是有感情的，甚至可以说与它有着生死之交。我曾多次踏上这片土地，每一次都让我对它的神奇和壮美有新的认识。在很长一段时间里，当地居民和自然维持着一种浑然天成的共生关系，生态万物得到尊重与呵护，这里的生灵和人类也是平等相待。

令人遗憾的是，这种和谐的共生关系，在最近的几十年间渐渐消退。和世界上许多地区一样，全球气候变暖、极端天气增多、人类探险旅游等都在逐渐打破人与自然之间动态的平衡。保护高原山地生态系统的健康与稳定成为日益重要的问题，也成为万科公益基金会的工作方向之一。

自2013年起，西藏自治区林业和草原局与万科公益基金会建立战略合作关系，共同发布"珠峰雪豹保护计划"，促进珠峰地区以雪豹为代表的野生动物栖息地的保护。2014年5月，珠穆朗玛峰国家级自然保护区管理局和万科公益基金会联合成立"珠峰雪豹保护中心"，同年发布"雪豹保护行动"。经过这几年的努力，已基本建成珠峰地区雪豹保护合作网络，联合物种研究、社区发展、保护管理、自然影像传播等领域多家合作伙伴，开展了珠峰环境保护领域具有科学性和系统性的探索。2020年，珠峰雪豹保护中心启动了"珠峰生物多样性影像调查项目"，也是希望将世界之巅的生物多样性之美做一次系统的梳理，这本画册就是生物多样性影像调查成果的集中呈现。

万科公益基金会关注对未来影响深远的议题，致力于推动人与社会、人与自然之间实现和谐共进的关系。这些年来，我们一方面多次出席全球气候行动峰会，将中国企业界的绿色转型故事带去国际舞台；另一方面，我们也通过可持续社区建设，倡导将绿色环保理念融入日常生活中，号召人们从身边小事做起，践行低碳环保，参与垃圾分类，从前端减量入手来减少废弃物对环境的负面影响。去年秋天起，我们还开启了碳中和社区建设的试点。

地球是一个大的生态圈，环环相连，彼此依存。不论力量大小，我们每一个人都可以为环境的美好尽一份力，当一个人的信念得到坚持，一个人的力量会变成一种集体的力量。环保之路是一条艰难的路，需要个人、企业、政府的合力，需要全社会的参与；但这也是一条必经之路，一条希望之路，因为当我们面向未来，唯有脚下的这个星球，将伴随我们始终。

读者朋友们看到这本画册时，恰逢联合国生物多样性大会（COP15）即将在我国云南省举行，这次大会本身就是希望推动世界各国进一步采取措施，加强生物多样性保护，共同建立人与自然和谐共生的美好未来。当我们有机会欣赏到更多的地球之美，感受到更磅礴的自然魅力时，我们也就更能体会到人与自然和谐处的重要意义。我想，这也是这本珠峰生物多样性画册呈现于此的初心。这是多年来珠峰守护者和摄影师们拍摄的珍贵照片，拍摄者在赞美、震撼、激动的那一刻按下快门，以令人见之难忘的视觉语言邀请读者朋友们共享自然之美。希望这一张张照片能带你与我们一同携手，在空气稀薄地带寻找雪豹，在世界第三极守护珠峰！

万科公益基金会　理事长
2021年7月

序三

珠穆朗玛峰巍峨地屹立于世界之巅。在藏语中，珠穆朗玛是"大地之母""第三女神"的意思，这座神圣的山峰有着千姿百态的冰川、瑰丽罕见的冰塔林和多种多样的生态系统，蕴育着丰富的生物多样性。山间出没着珍禽奇兽，雪豹就是其中最具代表性的高原生物之一。

雪豹是"雪山之王"，是国家一级保护动物，也是国际濒危野生动物。为加强雪豹的保护和宣传工作，2014年5月，珠穆朗玛峰国家级自然保护区管理局和万科公益基金会联合发起成立"珠峰雪豹保护中心"，同年发布"雪豹保护行动"，致力于建设资源整合平台，广泛吸纳多方力量，形成对国家雪豹保护网络的资源补充，推动高原生物多样性保护工作的创新模式。截至2021年，万科公益基金会已累计投入资金1000余万元。

保护中心着重科学研究，同时在社区发展、保护管理、自然影像传播、公众宣教和人才培养等方面进行了一系列开创性的探索。目前，中心已经与北京林业大学、中国科学院动物研究所、云南大学、贵州师范大学等多个科研高校机构达成稳定的合作关系，初步完成了对珠峰地区生态系统的功能、雪豹的生存现状和受威胁状况的调查和评估，健全和制定了珠峰雪豹长期监测体系和技术标准，在国际学术期刊上发表多篇文章。其间，于2015年第一次在野外拍摄到雪豹影像资料，也实现了珠峰地区雪豹影像资料零的突破。

珠穆朗玛峰国家级自然保护区海拔高，生态环境极为脆弱，自然环境的轻微改变，就能让当地生物变得无所适从。其中，雪豹对环境的变化尤为敏感，而在保护雪豹的同时，也将推进西藏生态安全屏障建设和"第三极"独特高原生物多样性保护。此次出版的珠峰生物多样性影像画册，是珠峰雪豹保护中心多年来拍摄的第一手珍贵影像资料，将呈现出一个生动、丰富、立体的雪豹世界。

让我们一起来了解珠峰，在优美的自然生态环境中得到物质文明和精神文明的双重享受；让自然生态在现代化社会治理体系下更加宁静、和谐、美丽，最终实现人与自然和谐共生的现代化。

珠穆朗玛峰国家级自然保护区管理局　副局长
2021年7月

前言

在这个世界上，要问哪座山最广为人知，那一定是珠穆朗玛峰。也许我们当中的很多人无法准确地指出它的具体地理位置，但关于它的高度，几乎无人不知。

海拔8848.86米，世界最高峰，地球之巅。

极致的存在，意味着无尽的可能，不断激发人们靠近它。登山者渴望登顶珠峰，超越自己；科学家于冰雪间上下求索，探古寻今；巡护员默默扎根于前线，日夜守卫。

基于这些愈渐深入的探索和不息的热爱，本书展开了构想与实施。希望通过本书，向到过珠峰的朋友呈现珠峰温暖的一面；向还未拜访的朋友勾勒珠峰真实的轮廓。因为唯有了解才会热爱，唯有热爱才会保护。

从内容构架上，我们将本书划分为四个章节。为了聚焦特色，本书依循海拔梯度，从溯源珠峰的前世今生，到展现它多样的垂直世界，以及不同生境中代表性物种的生存智慧，再到自然与人的连接四个方面展开布局。各部分互相联系，层层深入，意在为读者提供一个深入了解珠峰独特魅力的机会。

从视觉表现上，为了让读者获得极佳的阅读体验，我们从物种甄选到影像汇辑，再到设计布局，都精心打磨，力求做到科学与艺术的完美融合。76个物种，分别是不同生境的明星种类和典型代表，它们的形象是珠峰的生态记忆；142幅摄影作品，或定格山川之美，或捕捉生命瞬间，都源于自然摄影师和科考人员的奔波劳苦。为了最真实、最原生态的记录，他们热切追寻并耐心等待，最终得以将精品馈赠给大家。

珠峰贵为世界极致，理应受到悉心守护。也许我们的脚步还未触及，目光却可以到达。本书篇幅有限，希望能够成为一个展现珠峰无穷魅力的窗口。书中难免有疏漏之处，唯望读者能惠正。

愿珠峰永远美丽，愿生活在珠峰的大千万物生生不息。

本书编委会
2021年7月

珠穆朗玛峰山脚下的多刺绿绒蒿（*Meconopsis horridula*）
董磊／摄

目录

编委会

主　　任　罗布

副 主 任　陈一梅　格桑

委　　员　刘源　拱子凌　拉巴次仁　达娃普尺　商伟　旦巴　平措

　　　　　次欧　普布次仁

策 划 人　巫嘉伟

艺术监制　董磊

流程编辑　何屹　唐军　罗平钊　关卫东　王芳　胡佳

内容编辑　拱子凌　刘丽　何既白　路家兴

助理编辑　晋雨漪　李祺　蒲淑慧　谢怡　周天

特约编辑　左凌仁

野外向导　尼玛旦增　扎拉桑布

摄　　影　董磊　彭建生　徐波　谭祥芳　拱子凌　吴丹　陈松

　　　　　拉巴次仁　祝致远　张敏　雷小勇　达娃顿珠　土旦

　　　　　胡文　陈松　杨立坤

封面翻译　李一凡

图片统筹　孟姗姗

科学顾问　李渤生　时坤　宋双茂　胡慧建　徐波　左凌仁　余天一

　　　　　蒋珂　温钧浩

传播运营　王雪　柯成薇

策　　划　成都山地文化传播有限公司

鸣　　谢　西藏生物影像保护（TBIC）　陆桥生态中心（EBC）

　　　　　JAKET爵克　野性中国　贵州田野环境与发展研究中心

金色阳光下的珠峰
董磊／摄

自诞生之日起，珠峰就在不断崛起抬升，构建出今日地球的顶点。直到300多年前，人类才开始探索这座世界最高峰。从崛起到巅峰，珠峰大地经历了怎样的沧桑变迁？让我们从一次珠峰岁月的旅行，开启对这世界之巅生命的认识吧。

忆·巅峰岁月

诞生与崛起
世界高峰博物馆
生命家园

诞生与崛起

　　珠峰这一自然奇迹，堪称地球生命历程中史诗级的杰作，它的诞生源自持续数千万年的地壳运动。广义上，整个青藏高原被称为"世界第三极"，喜马拉雅山脉是青藏高原的主体，而珠穆朗玛峰则是喜马拉雅山脉的主峰。距今约6000万年前，珠穆朗玛山区乃至整个喜马拉雅山脉所处的位置还是一片汪洋大海，被海水所淹没，没有山脉。

　　大约5000万年前，由于印度次大陆与亚洲大陆的板块碰撞，喜马拉雅山脉地区逐渐隆升，山脉开始出现。印度次大陆不断北移推压着青藏高原，地处推挤前缘的喜马拉雅山脉地区首当其冲地遭受了巨大的南北向构造应力的挤压，地壳发生大规模变动，褶皱冲断和抬升，大海消失了。

　　2000多万年前，喜马拉雅山脉地区经历了一次强烈的地壳运动，山脉快速抬升，很快就达到了相当的高度，开始影响到印度洋暖湿气流的北上，青藏高原及喜马拉雅山脉以北地区逐步向干旱化发展。

　　距今700~800万年前，喜马拉雅山脉地区又经历了一次快速抬升，达到了3000多米的海拔高程。但是如今喜马拉雅山脉的高度还是最近400万年以来隆升的结果。直至今天，喜马拉雅山脉还在以平均每年约10毫米的速度快速上升。在整座山脉的上升过程中，珠穆朗玛峰遥遥领先周边众山，成为当今世界上海拔最高的山峰。

　　早在300多年前，中国人就迈出了探索珠峰高度的步伐。随着测绘技术、方法和标准的提升，珠峰的高度也一次次被刷新，从1975年的8848.13米，到2005年的8844.43米，直至2020年12月8日，珠峰以8848.86米的最新高程再一次将众人的目光聚焦……

> 强烈变形产状陡立的岩石记载着山脉隆升的痕迹
彭建生／摄

∧ 在青藏高原南部的吉隆，保留有大量高原隆升历程
   中留下的证据。仔细看，这处荒凉大地上的石块并
   不普通，画面前面的具有深色螺旋状纹理构造的石
   块就是一种海相化石，被称作菊石，这是一种来自
   远古时代的海生无脊椎动物，最早出现于古生代泥
   盆纪，在白垩纪末期（距今约6550万年）灭绝
   董磊／摄

∧ 这里位于珠峰南部的吉隆，现代海拔高度为4000多米。1975年，中国科学院青藏高原综合考察队古脊椎动物组在吉隆发现了晚中新世晚期的三趾马动物群化石。三趾马生活时期距今约700万年，那时吉隆所在的区域还是一个断陷的湖盆，周边是疏林草地，海拔高度仅为3000多米
彭建生／摄

< 航拍吉隆高海拔地区，山体裸露，群山连绵，交替
出现的黄色、灰色、红色的地层，犹如一部厚厚的
地质史书，记录着喜马拉雅山脉崛起的自然密码
董磊／摄

拍摄于聂拉木的土林地质奇观，因远看成林而得名。这种奇特的地貌是在造山运动过程中，受风化、流水切割等内外力地质作用而形成

拱子凌 / 摄

世界高峰博物馆

喜马拉雅山脉上高峰林立，这里有10座海拔8000米以上的雪峰，分别为：

1. 珠穆朗玛峰：世界第一高峰，海拔8848.86米，位于喜马拉雅山脉中段的中国和尼泊尔边界上。

2. 干城章嘉峰：世界第三高峰，海拔8586米，位于喜马拉雅山脉中段。

3. 洛子峰：世界第四高峰，海拔8516米，位于喜马拉雅山脉中段的中国和尼泊尔边界上。

4. 马卡鲁峰：世界第五高峰，海拔8463米，位于喜马拉雅山脉中段中国和尼泊尔边界上。

5. 卓奥友峰：世界第六高峰，海拔8201米，位于喜马拉雅山脉中段中国和尼泊尔边界上。

6. 道拉吉利峰：世界第七高峰，海拔8172米，位于喜马拉雅山脉中段尼泊尔境内。

7. 马纳斯鲁峰：世界第八高峰，海拔8156米，位于喜马拉雅山脉中段尼泊尔境内。

8. 南迦帕尔巴特峰：世界第九高峰，海拔8125米，位于喜马拉雅山脉西段巴基斯坦境内。

9. 安纳普尔那峰：世界第十高峰，海拔8091米，位于喜马拉雅山脉中段尼泊尔境内。

10. 希夏邦马峰：世界第十四高峰，海拔8012米，位于喜马拉雅山脉中段，这是唯一一座完全在中国境内的高峰。

其中，有五座高峰集中分布在珠穆朗玛峰国家级自然保护区内。喜马拉雅山脉主峰珠穆朗玛峰8848.86的海拔高度使得它成为世界第一高峰，金字塔状的雄伟身姿给予珠峰古埃及法老般的至尊荣耀。立于珠峰顶上，可以领略到世界第四高峰（洛子峰8516米）、世界第五高峰（马卡鲁峰8463米）、世界第六高峰（卓奥友峰8201米）、世界第十四高峰（希夏邦马峰8012米）等万峰来朝的风范。

加乌拉山口远眺珠峰
董磊／摄

> 夕阳下的希夏邦马峰，海拔高达8012米，是世界第十四高峰，也是唯一一座完全在中国境内的海拔8000米以上的高峰
董磊／摄

生命家园

  伟大的喜马拉雅造山运动延续至今，形成了珠峰地区以喜马拉雅山脉和藏南分水岭为骨架，以高原湖盆、宽谷为基底，并含有河流、湖泊、冰川、冰缘、荒漠等多种地貌类型的地貌框架。

  这处世界上最高的自然之境拥有极大的海拔落差，珠峰8848.86米的峰顶，与1440米的低海拔山谷遥遥相望，高低之间形成了完整的植被垂直带谱。同时，由于喜马拉雅山脉的阻隔，南、北两翼呈现截然不同的景观。

  极致的自然地理条件，塑造了多种特色的自然生态系统，主要有极高山生态系统、喜马拉雅山脉南麓山地森林生态系统、喜马拉雅山脉北麓灌丛草原生态系统以及河流、湖泊构成的湿地生态系统，共同构成了珠峰这一生命繁衍生息的丰盈之地。

< 珠峰高海拔地段，明亮的阳光下，一只雪豹（*Panthera uncia*）昂首行进在满是砾石的荒芜之地，它在这片植被稀疏的极高山地区生态系统的食物链中处于绝对的顶端地位
红外自动触发相机／摄

丰富多样的生态环境滋养着众多野生生物。与其他地区相比，栖息于珠峰的野生动植物不仅具有高原性特点，还兼有热带和亚热带综合特色。

在动物地理区上，珠峰地区位于古北界和东洋界的交错地带，动物物种十分丰富，记录有脊椎动物500多种，约占整个西藏脊椎动物的60%，超过西藏自治区范围内已知脊椎动物的1/2。其中包含大量的珍稀濒危物种，被列为国家一级重点保护的野生动物有雪豹（*Panthera uncia*）、藏野驴（*Equus kiang*）、（喜山）长尾叶猴（*Semnopithecus schistaceus*）、塔尔羊（*Hemitragus jemlahicus*）、喜马拉雅麝（*Moschus leucogaster*）、马麝（*Moschus chrysogaster*）、喜马拉雅鬣羚（*Capricornis thar*）、喜马拉雅斑羚（*Naemorhedus goral*）、西藏盘羊（*Ovis hodgsoni*）、丛林猫（*Felis chaus*）、黑颈鹤（*Grus nigricollis*）、棕尾虹雉（*Lophophorus impejanus*）、胡兀鹫（*Gypaetus barbatus*）、金雕（*Aquila chrysaetos*）、玉带海雕（*Haliaeetus leucoryphus*）等。国家二级重点保护野生动物有狼（*Canis lupus*）、赤狐（*Vulpes vulpes*）、藏原羚（*Procapra picticaudata*）、藏狐（*Vulpes ferrilata*）、豹猫（*Prionailurus bengalensis*）、兔狲（*Otocolobus manul*）、岩羊（*Pseudois nayaur*）、棕熊（*Ursus arctos*）、猕猴（*Macaca mulatta*）、小熊猫（*Ailurus fulgens*）、小爪水獭（*Aonyx cinerea*）、猞猁（*Lynx lynx*）、高山兀鹫（*Gyps himalayensis*）、藏雪鸡（*Tetraogallus tibetanus*）、暗腹雪鸡（*Tetraogallus himalayensis*）、血雉（*Ithaginis cruentus*）、黑鹇（*Lophura leucomelanos*）等。

在植物区系上，珠峰地区的植物类群总体以温带植物占优势，具有明显的热带—温带过渡性，其中珠峰南麓中低海拔地区的植物区系以热带成分为主。区内共记载维管束植物2700多种，其中被列为国家一级重点保护的野生植物有密叶红豆杉（*Taxus contorta*）；被列为国家二级重点保护的野生植物有长蕊木兰（*Alcimandra cathcartii*）、水青树（*Tetracentron sinense*）、金荞麦（*Fagopyrum dibotrys*）、胡黄连（*Neopicrorhiza scrophulariflora*）和三蕊草（*Sinochasea trigyna*）等。

< 佩枯错湖边的金雕在进行起飞前的助跑。金雕是珠峰地区的猛禽之王，强大的捕食能力足以让其他动物望而生畏。金雕属于国家一级重点保护野生动物
彭建生／摄

> 深藏于吉隆沟和绒辖沟内的密叶红豆杉，是第四纪冰川后遗留下来的珍稀濒危植物。这种植物对生长环境有比较苛刻的要求，属于狭域分布种，只生长于山间河流、小型瀑布周围。它是我国红豆杉属植物中分布面积最小的一种红豆杉，属于国家一级重点保护野生植物
徐波／摄

珠峰以无可比拟的伟岸身姿屹立于西风带上，横亘在印度洋暖湿气流北上的必经之路上。它与这两者的相互作用，塑造其庞大山体上的自然景观和万物形态。南坡常年受印度洋暖湿气流的滋养，水热条件极其良好，所以几乎成为北半球所有植被类型的集大成者；而北坡因为山体的阻隔，降水少，气候寒冷干旱，具有典型的大陆性高原气候特征。珠峰南北坡的植被风貌风格迥异，也让这里的生态环境和生物多样性成为全球最独特的存在。

望·垂直极限

南北迥异：
海洋与高山的布景艺术

珠峰地区最低海拔仅1440米，相对落差达7408米。当巨大的海拔落差遇上复杂的地质构造，在大气环流和喜马拉雅山脉阻隔的作用下，使得珠峰的南坡和北坡拥有完全不同的水热条件。经过极其漫长的自然演替过程，最终形成了如今南北迥异的垂直生态系统。

珠峰北坡以高原湖盆、宽谷为基底，地势平坦开阔。重重山脉的阻隔让印度洋暖湿气流无法抵达高原内陆，而且北坡大

部分地区在海拔4000米以上，使得寒冷干燥的大陆性高原气候在这里发挥主要作用。

　　珠峰北坡典型的生态系统为：高原亚寒带灌丛、草原生态系统（海拔3700~5000米）；高山亚寒带草甸生态系统（海拔5000~6000米）；高山寒带冻原生态系统（海拔5600~6000米）；高山寒带冰雪生态系统（海拔6000米以上）。

∧ 珠峰北坡巍然壮丽，航拍聂拉木酸奶湖与雪山群
董磊／摄

珠峰地区的南坡，自西向东被数条沟谷纵切，地貌形态以高山峡谷为主。南坡受印度洋暖湿气流的强烈影响，水热状况优越，而且从山麓到山顶的相对高差大，使得水热组合随海拔变化幅度大，因而生态系统丰富多样。植被垂直带谱涵盖了森林、灌丛、草甸、荒漠、冻原、冰川等从热带到寒带的生态类型，因而这里的峡谷地带成了全世界独一无二的动植物乐园。

珠峰南坡的典型生态系统为：山地亚热带常绿、半常绿阔叶林生态系统；常绿针叶林生态系统（海拔1440~2600米）；山地暖温带绿针林、硬叶常绿阔叶林生态系统（海拔2400~3300米）；亚高山寒温带常绿针叶林、落叶阔叶混交林生态系统（海拔3100~3900米）；高山亚寒带灌丛、草甸生态系统（海拔3700~4700米）；高山亚寒带冻原生态系统（海拔4500~5700米）；高山寒带冰雪生态系统（海拔5700米以上）。

> 珠峰南坡幽深隽秀，航拍吉普大峡谷
董磊 / 摄

冰川：
大地雕刻师

　　雪山与冰川总是相互联系的，珠峰地区高寒险峻，狂风和暴雪主宰着这里。多年积雪堆积形成自然冰体，这些冰体以错落分布的高峰为中心，呈辐射状分布，形成了中纬度地区特有的山地冰川群，也让珠峰地区成为中国大陆性冰川的活动中心。珠峰地区共有冰川548条，总面积达1457.07平方千米。其中最大、最著名的就是复式山谷冰川——绒布冰川。这条全长26千米的冰川由东、中、西三条冰川共同组成，三条冰川汇集后向北延伸，把巍巍珠峰托起，共同形成了喜马拉雅山脉最雄奇的景观之一。这些规模庞大的山地冰川，在重力等因素的作用下，会产生一定的运动。体量极其庞大的冰川运动，在珠峰地区的大地上雕刻出许多景色奇丽的冰川地貌。而冰川融水则供养着下方河流流域的万千生灵。

　　珠峰是研究全球变化的天然实验室。这里的冰川不仅记录着过去，为"解密"珠峰历史时期的气候环境提供珍贵资料，也蕴含着破解未来趋势的密码，为评估人类活动对地球的扰动提供参考。

> 萨勒乡的冰川覆盖着山体，于黑夜到来之际沐浴着夕阳，摄影师将这张照片命名为"最后的冰川"
　　彭建生／摄

高山冰缘带与高山草甸：荒凉地带的生命之光

　　珠峰地区的雪线以下、海拔4600米以上的山坡地段，属于高山冰缘带。这里气候条件恶劣，土壤贫瘠，似乎是生命的禁区。然而生命的强大之处就在于突破各种看似不可能的界限。一些物种经过长期的演化，凭借极强的生命力在此占据一席之地，在这片荒漠地带绽放出令人感动的生命之光。

　　高山冰缘带以下至海拔4200米左右是高山草甸、草原带。与高山冰缘带相比，这里地势更为平坦开阔，气温相对较高，加之冰雪融水的滋润，生长有较为密实柔软的草甸植物，养育了很多种大型食草动物。

　　高山冰缘带、高山草甸和草原带是高原隆起和长期低温形成的特殊环境，具有典型的高原地带性和山地垂直地带性，生态系统极其脆弱。同时也对人类干扰和全球气候变化极为敏感，一旦遭到破坏，就很难在短期内恢复。

< 雪山连绵，大地起伏，一群藏野驴（*Equus kiang*）
　正在啃食低矮柔软的草甸植物
　董磊／摄

2021年6月，朗吉措垭口的高山草甸已经变成了绿色，藏匿于草丛中的昆虫也开始活跃，吸引了不少蓝大翅鸲（*Grandala coelicolor*）在此停留觅食。蓝大翅鸲的雄鸟身披漂亮的宝石蓝外衣，又被叫作喜马拉雅蓝鸟

彭建生／摄

变黑蝇子草（*Silene nigrescens*）
徐波／摄

圆齿鸦跖花（*Oxygraphis endlicheri*）
董磊／摄

冈底斯山蝇子草（*Silene moorcroftiana*）
徐波／摄

黄心球花报春（*Primula erythrocarpa*）
董磊／摄

山居雪灵芝（*Arenaria edgeworthiana*）
徐波 / 摄

扇叶龙胆（*Gentiana emodii*）
董磊 / 摄

金黄脆蒴报春（*Primula strumosa*）
董磊 / 摄

藏波罗花（*Incarvillea younghusbandii*）
彭建生 / 摄

> 吉隆高海拔的石砾滩地上，蔓延生长
  着刺叶柄黄耆（*Astragalus oplites*）
  彭建生／摄

褐翅雪雀（*Montifringilla adamsi*）
董磊／摄

鸲岩鹨（*Prunella rubeculoides*）
拱子凌／摄

高原山鹑（*Perdix hodgsoniae*）
彭建生／摄

喜山鵟（*Buteo burmanicus*）
谭祥芳／摄

西藏沙蜥（*Phrynocephalus theobaldi*）
董磊 / 摄

高原兔（*Lepus oiostolus*）
彭建生 / 摄

岩羊（*Pseudois nayaur*）
谭祥芳 / 摄

狼（*Canis lupus*）
董磊 / 摄

湿地：
荒芜之地的生命绿洲

湿地，堪称珠峰之"肾"，不仅是河流发源汇聚的补给站，也是周边地区天然的气候调节器，更是傍水而居的生物家园。

珠峰地区的湿地分布以朋曲、雅鲁藏布水系为主要骨架，连接各处高原湖盆和高寒沼泽，形成了河流、湖泊、沼泽和沼泽化草甸等多种截然不同的湿地类型。这些湿地散布大山之间的低洼地带，成为满目苍黄之中充满生机和活力的生命绿洲。

湖泊，是珠峰湿地的主要类型之一，它们星罗棋布，数量多达1000个，或形成于地质构造，或诞生于冰川运动，与周边河流、沼泽等构成高原湿地生态系统，哺育着众多的湿地物种。

镶嵌在喜马拉雅北坡的佩枯错，湖面纯美湛蓝，犹如一颗巨大的蓝色宝石。佩枯错是珠峰地区最大的内陆构造湖，面积约300平方千米，湖面海拔4590米，属藏南内流水系湖泊
董磊／摄

∧ 雪山下的佩枯错　彭建生／摄

< 高空鸟瞰，远处是茫茫
的沙山堆积，近处却是
蜿蜒流淌的河流，这是
发源于希夏邦马峰北坡
的河流——朋曲。朋曲
全长384千米，是珠峰
地区最大的河流。它自
西向东横贯珠峰北部，
最终于陈塘附近进入
尼泊尔境内，落差达
3370米
董磊／摄

> "定结"意为"长在水中",连绵的雪山和从雪山脚下延展而来的叶如藏布河,为这片大地带来了充沛的水源,形成水草丰美的湿地景观。秋冬季节,这里水鸟云集,是这片湿地最喧闹的时刻
> 董磊／摄

水毛茛（*Batrachium bungei*）
董磊 / 摄

杉叶藻（*Hippuris vulgaris*）
拱子凌 / 摄

西藏报春（*Primula tibetica*）
彭建生 / 摄

管状长花马先蒿（*Pedicularis longiflora* var. *tubiformis*）
徐波 / 摄

棕头鸥（*Chroicocephalus brunnicephalus*）
董磊／摄

黑颈鹤（*Grus nigricollis*）
彭建生／摄

赤麻鸭（*Tadorna ferruginea*）
拱子凌／摄

普通秋沙鸭（*Mergus merganser*）
谭祥芳／摄

森林：
世界之巅的绿色裙摆

　　提到珠峰，人们首先想到的是群峰高耸、冰雪覆盖，殊不知它也有着"山顶四季雪，山下四季春；一山分四季，十里不同天"的景色，这其中的"山下四季春"，便是指分布在珠峰南坡沟谷中的森林。这些森林是珠峰地区最富有活力的生态系统，是众多珍稀濒危物种的庇护所，也是动植物扩散的"生态廊道"，与其他植被类型一起共同构成了自然生命繁衍生息的理想之地。

　　珠峰地区的森林一般分布于南坡海拔4100米以下的河谷两侧，部分在阳坡分布可达4300米。一共可分为四个林带，即海拔4000~4300米的疏林带；海拔3600~4000米的针叶林带；海拔2800~3600米的针阔混交林带，本段为南部的主要森林分布区；海拔2800米以下则分布着常绿阔叶林，该区域面积相对较小，仅见于接近河口处（嘎玛藏布和绒辖曲河口处较常见）区域。

> 雪山直指苍穹，雪线以下蔓延着广袤的原始森林。这是吉隆沟几乎随处可见的景致。但是这种雪山和森林同框的景象，在全球范围内，却是现象级的存在
> 董磊／摄

喜马拉雅南坡的数条深谷，不仅是水汽通道，同时也是生物的迁移走廊。在山脉隆升和流水深切的作用下，珠峰南翼被数条沟谷纵切，自西向东依次是吉隆沟、樟木沟、绒辖沟、嘎玛沟、陈塘沟、亚东沟。深切的沟谷为北上的印度洋暖湿气流提供了通道，水汽得以输送，从而塑造了完整的山地垂直自然带，其中就包括多种森林带。以吉隆沟为例，从沟谷到山顶，就拥有7个垂直自然带。这些沟谷也成为青藏高原物种南下和南亚次大陆物种北上的重要廊道，来自两个区系的动植物在其中交错分布，相映生辉。

< 在拉多山口眺望，视野里峰峦层叠，云雾弥漫于山谷中。吉隆沟是日喀则地区最深的一条沟，海拔2700米左右，印度洋水汽在此徘徊徜徉，滋润着长叶云杉（*Picea smithiana*）、西藏长叶松（*Pinus roxburghii*）、喜马拉雅红杉（*Larix himalaica*）、密叶红豆杉（*Taxus contorta*）等珠峰地区特色植物
董磊／摄

阳光照耀着吉隆森林上方，而密林深处依然笼罩在阴影之下
董磊 / 摄

这棵树上附生着十几种蕨类、苔藓、被子植物，简直就是一个微型的空中花园

彭建生 / 摄

舌岩白菜（*Bergenia pacumbis*）
董磊 / 摄

纤柄脆蒴报春（*Primula gracilipes*）
董磊 / 摄

金黄脆蒴报春（*Primula strumosa*）
彭建生 / 摄

一把伞南星（*Arisaema erubescens*）
董磊 / 摄

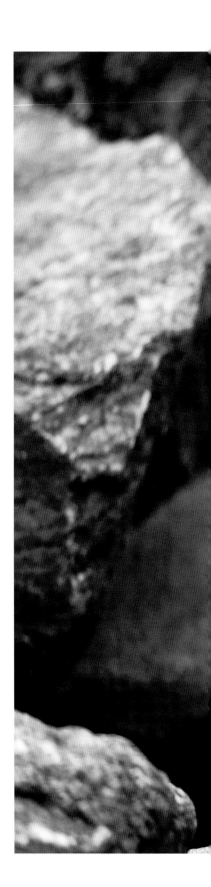

喜马拉雅鼠兔（*Ochotona himalayana*）
董磊／摄

点斑林鸽（*Columba hodgsonii*）在崖壁上取食
董磊／摄

森林中的一棵冷杉树上，棕额长尾山雀（*Aegithalos iouschistos*）正在忙碌地筑巢

董磊／摄

玫红眉朱雀（*Carpodacus rodochroa*）
董磊 / 摄

白斑翅拟蜡嘴雀（*Mycerobas carnipes*）
彭建生 / 摄

鳞腹绿啄木鸟（*Picus squamatus*）
董磊 / 摄

细纹噪鹛（*Trochalopteron lineatum*）
董磊 / 摄

红翅旋壁雀（*Tichodroma muraria*）
彭建生／摄

橙斑翅柳莺（*Phylloscopus pulcher*）
董磊／摄

血雉（*Ithaginis cruentus*）
谭祥芳／摄

黑鹇（*Lophura leucomelanos*）
董磊／摄

高寒的气候、冰期和暖期的交替来袭……珠峰地区的万物生灵在各种伟力的变化之中，演化出高度适应这世界之巅恶劣环境的生存技能。它们是这片大地时空流转和沧海桑田变迁的见证者。它们当中，有的作为生态系统的旗舰种，已获得了人类较多关注和保护。不过更多的物种却鲜为人知。但是，这丝毫不会折损它们所蕴含的独特的生态价值和生命之美。在高山冰缘带与高山草甸、湿地和森林等不同的生境中，它们又经历了怎样的生命故事？

敬·万物有灵

高山冰缘带与高山草甸篇

湿地篇

森林篇

高山冰缘带与高山草甸篇

> 细裂小报春（*Primula tenuiloba*）
> 董磊／摄

雪莲和雪兔子：冰雪战士

Saussurea

菊科　风毛菊属

　　珠峰地区的雪线附近，是世界上植物生存条件最为恶劣的地带。5000米以上的海拔，使得这里温度极低，年平均气温低于0℃，半年以上都被冰雪覆盖。经过百万年的寒冻和风化，形成了表层几乎没有土壤的大片流石滩。然而这片看似荒凉的灰色地带，却隐藏着世界海拔最高、最神秘的植物花园，雪莲和雪兔子便是这花园中的主角之一。

　　雪莲和雪兔子的多数种类都分布在青藏高原及其邻近的高山上。研究表明，雪莲和雪兔子的起源与青藏高原的抬升密切相关，并随着青藏高原的第三次抬升发生了快速的物种分化过程，最终使得该地区成为雪莲和雪兔子的分布和分化中心。

> 定日雪兔子（*Saussurea bhutkesh*）堪称最罕见的雪兔子，目前在国内仅见于珠峰东坡，关于它的发现颇具传奇色彩。20世纪90年代，东京大学研究者在尼泊尔东部珠峰大本营的冰缘地带邂逅这种雪莲。2002年，日本学者正式发表该物种。2005年，西方的高山园艺学会在定日县朗玛拉垭口记录到该植物的分布。2011年，*Flora of China* 正式收录这种雪莲，名"定日雪兔子"。直到2018年，国内还没有任何标本记录。同年7月，植物分类学家徐波等科考人员再次踏上寻找该植物的旅途，念念不忘，必有回响，终于，在海拔5344米的朗玛拉垭口，他们遇见了传说中的定日雪兔子，并采集了该物种在我国的首份标本
> 徐波／摄

∧ 实际上，人们常说的雪莲是指风毛菊属雪莲亚属和雪兔子亚属
植物。图片中这株密被棉毛的植物，为雪兔子（*Saussurea gossipiphora*）本种，它是最早被科学界所认识的雪莲物种之一。"雪兔子"这个命名可谓神来之笔，矮矮的毛茸茸一团就像蜷缩的兔子，抗风抗冻又防水
徐波／摄

∧ 雪兔子亚属这一类植物是世界上分布海拔最高的开花植物类群。这株鼠麹雪兔子（*Saussurea gnaphalodes*）绽放在流石滩上，蓝紫色的头状花序不仅能有效吸收、转化太阳辐射，还能成为显眼的目标，吸引昆虫为它传粉。根据一份保存在英国自然历史博物馆的标本记载，该物种分布在珠穆朗玛峰的海拔纪录为6400米——这是目前已知的高等植物最高海拔分布纪录
董磊／摄

< 盛开的小果雪兔子（*Saussurea simpsoniana*）密被长棉毛，不远处就是蜿蜒而下的冰川。如此特殊的生长环境，使得雪莲亚属和雪兔子亚属植物种子发芽率低，生长缓慢，并且很难在人工环境下存活
徐波／摄

大雾弥漫的灌丛草甸中，苞叶雪莲（*Saussurea obvallata*）正值花期，犹如盏盏明灯点亮高山。面对极端逆境，雪兔子的生存技巧是穿戴厚实，苞叶雪莲则有自己的创举。它用半透明的苞片为花朵设计了一个温室，不仅能加速花的发育，也为传粉者——熊蜂提供了温暖无风的环境
徐波／摄

绿绒蒿：荒野丽人

Meconopsis
罂粟科 绿绒蒿属

绿绒蒿——傲立于高原的"荒野丽人"，两百年间，人类从未放弃对它的追寻。

起初，它跟随欧洲植物猎人的足迹，从遥远的东方高山传至西方的花园，化身为令人疯狂的"喜马拉雅蓝罂粟"。随后，越来越多的科研人员和植物爱好者被其美貌所征服，前赴后继追寻芳踪。而野生种的绿绒蒿属植物始终静静地开在故乡——中国西南山地。

绿绒蒿为罂粟科绿绒蒿属植物，伴随着青藏高原的隆升而快速演化。从几厘米到超过两米，从海拔2500米到5800米，从林地草坡到高山草甸，再到冰缘带的流石滩，绿绒蒿属展示了极高的形态变化和生态适应性。目前，世界上被科学家发现和描述的绿绒蒿总数达90余种，然而新种还在不断被发现，荒野丽人的群体还在继续壮大。

青藏高原是绿绒蒿属植物的分布和分化中心，珠峰地区丰富的垂直自然带更是为多种绿绒蒿提供了演化生存的条件。科考队员在此发现的绿绒蒿不下10种，多刺绿绒蒿（*Meconopsis horridula*）、康顺绿绒蒿（*Meconopsis tibetica*）、秋花绿绒蒿（*Meconopsis autumnalis*）、单叶绿绒蒿（*Meconopsis simplicifolia*）、大花绿绒蒿（*Meconopsis grandis*）、吉隆绿绒蒿（*Meconopsis pinnatifolia*）、心叶绿绒蒿（*Meconopsis polygonoides*）、美花绿绒蒿（*Meconopsis bella*）……这里堪称绿绒蒿的天堂。

> 盛放在珠峰脚下的多刺绿绒蒿（*Meconopsis horridula*）。多刺绿绒蒿是分布海拔最高的绿绒蒿种类之一，肉质的叶片和肥厚的主根使它可以忍受高海拔地区的干旱和低温
> 董磊／摄

盛开于陈塘沟的大花绿绒蒿（*Meconopsis grandis*），微微低着
头的花朵等待着它的传粉昆虫
董磊／摄

吉隆绿绒蒿（*Meconopsis pinnatifolia*），几乎只在吉隆生长。它
于1979年被首次发现，其后几十年间难觅踪影
董磊／摄

美花绿绒蒿（*Meconopsis bella*），2018年，中国科学院植物研
究所、北京林业大学科研人员首次在吉隆发现的中国新记录绿绒蒿
董磊／摄

心叶绿绒蒿（*Meconopsis polygonoides*），开放在吉隆山地的灌
木丛边。此种绿绒蒿极为罕见，是由英国植物学家David Prain于
1915年命名并发表为新种
董磊／摄

< 秋花绿绒蒿（*Meconopsis autumnalis*），
绿绒蒿中的巨人，株高可以达到两米，总状
花序呈圆锥状，花量巨大
董磊／摄

库门鸢尾：冰川尽头的紫色妖姬

Iris kemaonensis

鸢尾科　鸢尾属

　　鸢尾属植物的拉丁名是*Iris*，本意是希腊神话中的彩虹女神伊里斯（Iris）。它的花型千变万化，花色极为丰富，自古至今备受人们喜爱。鸢尾属植物是一个拥有众多成员、极为庞大的家族，绝大部分都自然分布于北半球的温带和亚热带地区。

　　目前，全世界的野生鸢尾有300多种，中国分布约有60种。珠峰地区的地理环境独特而多样，因此孕育了一些非常罕见的鸢尾，库门鸢尾便是其中之一。

　　库门鸢尾目前仅发现于喜马拉雅山脉及横断山脉的高海拔地区，生于3500~4200米的山坡、沟谷草丛中。这是一种矮小的鸢尾，花朵盛开时，花茎只有2~3厘米长，叶片长度仅为6~10厘米，花后结果时，叶片会继续生长至15厘米左右。

> 6月上旬，吉隆的高山草甸依然寒冷，和低海拔温暖的森林截然不同。冰川延伸的尽头，覆盖着一片低矮的深紫色，这是罕见的库门鸢尾。短短的花茎上生长着直径为5~6厘米的硕大花朵，紫色的花瓣上有明显的深色斑点
> 董磊／摄

冰川的尽头，库门鸢尾尽情绽放。
摄影师俯身降低高度，用广角镜头
将这一震撼美景记录下来
董磊／摄

雪豹：雪域隐士

Panthera uncia

食肉目 猫科

　　珠峰地区的雪线附近，空气稀薄，气候严寒，是一片对生命极为严苛的土地，只有少数耐寒物种能够在此存活。而有一种兽类，凭借着惊人的适应能力使这片荒蛮之地成为自己的王国，这就是雪豹。

　　雪豹伴随着亚洲高山的诞生而演化，又沿着高山广布于中亚地区。它们远离尘嚣，在珠峰的荒野中昼伏夜出，行踪隐秘。人们只能通过它留下的粪便、抓痕和脚印来知晓这位"雪域隐士"的行踪，借助野外布设的红外自动触发相机才得以一窥其貌。

　　2014年，珠穆朗玛峰国家级自然保护区的工作人员协同来自北京林业大学的合作伙伴开启了对雪豹及其栖息地的监测和调查，持续至今。从首次在珠峰北坡拍摄到只有雪豹尾巴的照片，到获得其清晰的全身照，再到如今越来越多它们在镜头前自在活动的身影，雪豹这个雄踞世界巅峰的王者的面纱逐渐被人们揭开。

　　是什么让雪豹独霸一方？

　　外形方面，雪豹完美地诠释了"适者生存"：灰白色的毛皮颜色与高山裸岩几乎融为一体；宽大厚实的脚掌，让它们能够在积雪或碎石地面行走；超长的毛茸尾巴，既可以在睡觉时御寒，也有助于在崎岖的山坡上保持平衡……

　　雪豹的存在还依赖于珠峰地区较为完好的高寒山地生态系统。岩羊、鼠兔、藏雪鸡等野生动物作为生态链中的重要组成部分，为雪豹提供了充足的食物来源。

> 红外自动触发相机拍摄到一只雪豹漫
　步在珠峰地区的冰天雪地中
　红外自动触发相机／摄

∧ 岩羊（*Pseudois nayaur*）——雪豹最重要的捕
 食对象，成群地出现在高寒地带的碎石坡上。面对
 雪豹的残忍追捕，它们靠什么来与之较量？经过亿
 万次的抗衡战斗，岩羊演化出了超强的攀爬跳跃能
 力，能够在陡峭的崖壁间自由上下，加之其体色与
 岩石难分难辨，所以它们中的一部分幸而能够逃离
 豹口，延续至今
 彭建生／摄

高山兀鹫：高山清道夫

Gyps himalayensis

鹰形目 鹰科

　　有一群人，他们攀登珠峰，不是为了登顶，而是为了清理珠峰上的垃圾，他们是令人钦佩的珠峰清道夫。有一些鸟，它们盘旋于珠峰，不是迷失方向，而是珠峰生态系统食物链的重要一环，也担任着珠峰"清道夫"的重要角色。

　　珠峰地区海拔高、气温低，尸体自然分解缓慢，长期腐败容易滋生病菌，传播疾病。高山兀鹫，珠峰最常见的猛禽之一，常年盘旋于珠峰的上空，是一种以腐食为主的大鸟，主要以死掉的家畜和大型动物为食，兼食其他小型动物。通过它们的消化，腐尸得到快速分解，珠峰的洁净才得以保持，自然界的能量循环得以延续。

< 一只高山兀鹫在绒辖沟的雪山高处翱翔觅食，张开的翅膀使得身体足足有近3米宽
彭建生／摄

∧ 绒辖沟巨大的垂直高差，让摄影师得以俯拍到胡兀鹫
　（*Gypaetus barbatus*）的背部。胡兀鹫也是常见的珠
　峰"清道夫"，它时常在高空盘旋，并通过极佳的视力
　和嗅觉来发现地面的腐尸
　拱子凌／摄

∧ 面对复杂的地面，胡兀鹫还会上演"鸠占鹊巢"的戏码，通过观察部分以食腐为主的乌鸦，将对方的食物占为己有。每当乌鸦发现食物而高声鸣叫时，胡兀鹫便飞过来争食，并将乌鸦挤到一旁，使其只能拾取剩余的残渣；而当乌鸦发现危险，一边鸣叫一边迅速飞离时，胡兀鹫也会意识到情况不妙，随之逃离。图为乌鸦驱赶胡兀鹫
彭建生 / 摄

藏野驴：高原奔跑健将

Equus kiang

奇蹄目 马科

　　比起森林动物，辽阔地带的食草类若不具备牦牛的气力，生存法则的首条即是速度，"迅疾快闪"逃离追捕，成为上上之选。

　　在珠峰地区广袤的草原上，生活着高原上的一种野生奇蹄类动物，那就是藏野驴。藏野驴的外形总能给人留下深刻印象，全身被毛以红棕色为主，耳尖、背部脊线、颈下、胸部、腹部等处被毛为浅白色，与躯干两侧的红棕色界限分明，加上常年奔跑练就的矫健身躯，看起来十分健美。

< 藏野驴是珠穆朗玛峰国家级自然保护区高寒荒漠地带的大型哺乳动物之一。在茫茫荒野中，奔跑是它们最重要的生存技能。要是发现有敌害袭击，驴群先是静静观望片刻，然后扬蹄疾跑，绝尘而去。跑出一段安全距离后，又停下来观望，然后再跑
董磊 / 摄

雪山前的藏野驴群
董磊／摄

藏原羚:
天生桃心臀的高原萌物

Procapra picticaudata

偶蹄目 牛科

在珠峰异彩纷呈的动物世界里,有一种有蹄类动物,既不像野牦牛那么威武雄壮,也不像藏野驴那么高大优雅。但由于极高的颜值,获得了超高人气,这就是藏原羚。

藏原羚是天生的萌物,它们的屁股有白色毛茸茸的"心形"图案,这个独树一帜的桃心臀标识,让它们在野外的辨识度极高。

藏原羚是我国青藏高原的特有物种,长期生活在高山草甸中,尤其喜欢在草本植物茂盛、水源充足的地方活动。

> 藏原羚时常结队出现于珠峰人类活动较多的区域,也会熟练地在公路上穿行
> 董磊／摄

∧ 可爱的外形，让人们对藏原羚保护有加，但是这并不能让草原
中的天敌对它们"口下留情"。面对虎视眈眈的敌方势力，藏
原羚演化出了堪称完美的生存技能，它们体态轻盈，行动敏
捷，通常三五成群活动。性情机警，遇到天敌后会迅速奔跑，
到一定距离后会停下回头凝望，直到危险解除
董磊／摄

暗腹雪鸡：聪明的觅食者

Tetraogallus himalayensis

鸡形目 雉科

　　在所有的中国雉类中，雪鸡属是栖息海拔最高的种类，终年都生活在高海拔地带的高山裸岩和灌丛草甸中。暗腹雪鸡是所有雪鸡中体型最大的一种，全球80%以上的种群都分布在我国。珠峰地区的高山裸岩也是它们的家园之一。

　　冬天，当候鸟早已迁徙至温暖的南方，暗腹雪鸡依然会坚守在珠穆朗玛峰国家级自然保护区。它们终年留居山顶，夏季会到雪线之上觅食，冬天则下移到海拔较低的灌丛中。此时，草木凋零，生存资源十分有限，暗腹雪鸡却能另辟蹊径，顺利找到食物。它们发现，只要沿着有蹄类动物的行走路线，就能从后者踩踏过的地方发现吃的。所以，它们的活动区域与盘羊、岩羊等哺乳动物的活动区域高度重叠。

> 　一只暗腹雪鸡站在高处的岩石向远处眺望，其体色与环境融为一体，可以很好地隐蔽自己。它那圆鼓鼓的身体能抵御严寒，但似乎并不利于飞行。它深谙生存之道，因此极少飞行，然而双脚短健有力，善于奔跑
> 　彭建生／摄

暗腹雪鸡觅食
彭建生 / 摄

亚洲胡狼：
中国首次野外影像记录
Canis aureus
食肉目 犬科

　　从1440～8848米，珠峰的海拔跨度高达7000余米，如此高的海拔落差缔造了世界上落差最大的栖息地分布，庇护着众多珍稀濒危物种。在这里，每一次的不期而遇都可能是全新的自然探索记录。

　　2018年7月7日，科考队员彭建生、董磊、徐波、余天一等人来到了吉隆沟考察。他们在海拔3500米左右的草甸、碎石滩区域拍摄到了一种犬科动物照片。经与亚洲犬科动物的形态特征对比，确认该动物为亚洲胡狼。

　　亚洲胡狼的分布范围较广，在北非、中东、南亚区域都有发现，但此前在中国从未有确切的野外记录。此次的亚洲胡狼影像，为该物种首次在中国境内的野外记录。这一犬科动物在中国的首次确认，也表明真实的珠峰充满了未知。

　　2020年的夏季，考察队员徐波带领学生张旭、徐畅隆及周海艺等人，在吉隆县夏村再次偶遇亚洲胡狼，这次发现的是两只亚成体胡狼，说明亚洲胡狼在吉隆境内生活着稳定的繁殖种群。

> 2018年7月，在珠峰地区吉隆沟拍摄到的亚洲胡狼，可以看出它们主要栖息于高山灌丛、草甸生境。这是该物种首次在中国的野外影像记录
> 董磊／摄

湿地篇

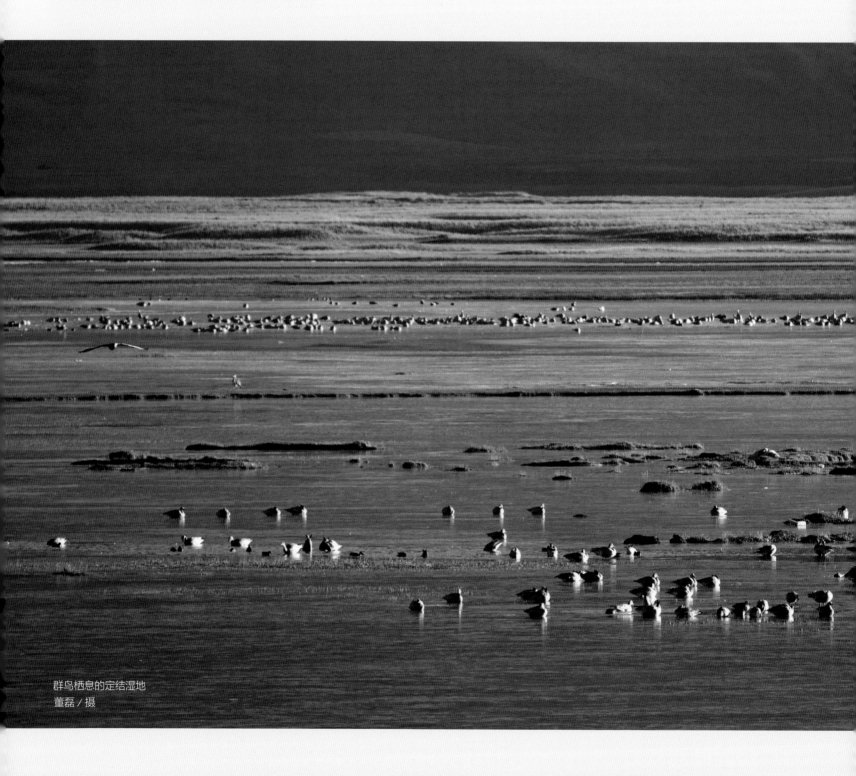

群鸟栖息的定结湿地
董磊／摄

黑颈鹤：终生生活在高原的鹤类

Grus nigricollis

鹤形目 鹤科

黑颈鹤：终生生活在高原的鹤类

在全球15种鹤类中，黑颈鹤是最晚被科学发现的鹤种，也是现存的唯一一种终生生活在高原的鹤类。青藏高原就是它们赖以生存的家园，而它们也是藏族同胞眼中的"神鸟"，象征着吉祥美好。

黑颈鹤是高原上的大型涉禽，傍水而居。珠峰北坡湖泊众多、沼泽发育，春夏时节水草丰茂，是黑颈鹤理想的繁殖地。而到了冬天，这里天寒地冻，食不果腹。黑颈鹤迁徙到海拔相对较低的雅鲁藏布与拉萨河谷越冬。

为了避免幼鹤遭到狼、狐狸等掠食者的袭击，黑颈鹤巢址的选择颇为讲究。它们的巢大多建于沼泽地带中地势较高的草墩或泥墩上，或湖边水草较茂盛的地方，人和其他动物都难以接近。而在抚育后代上，黑颈鹤则选择优生优育，一般只产两枚卵。在漫长的孵化期间，雌鹤和雄鹤会每天轮流趴窝孵卵，相互放哨，直到顺利孵化。

∧ 冬去春来，黑颈鹤抵达孜布日神山的湿地准备繁殖育雏。求偶时黑颈鹤雌雄鸟会发出齐鸣，扇动翅膀进行对舞

董磊／摄

寺庙旁的黑颈鹤（*Grus nigricollis*）冬季集群
谭祥芳 / 摄

> 孜布日神山下，黑颈鹤
夫妇正在轮流趴窝孵
卵，轮流放哨，等待着
幼鸟的出壳。为了避免
幼鹤遭到狼、狐狸等掠
食者的袭击，它们将巢
建在了四周环水的草墩
上，人和其他动物都难
以接近
董磊／摄

∨ 在经历了30天左右的孵化后，幼鹤开始破
  壳、出壳。刚出壳的幼鹤呈棕色，如幼鸭般
  大小，一般出壳两天后，小家伙便可跌跌撞
  撞地跟着父母满草地乱跑了
  董磊／摄

斑头雁：笑傲珠峰的迁徙者

Anser indicus

雁形目 鸭科

　　登上珠穆朗玛峰、征服地球之巅是很多人的梦想。不过不少候鸟也有同样的梦想，依靠强大的飞行能力，它们为了生存和种群繁衍，每年都会飞越珠峰。

　　每年3月—4月，斑头雁开始北迁繁殖；9月—10月，则南迁越冬，所以它们每年需要飞越两次喜马拉雅山脉。面对高海拔缺氧低压的环境，它们的飞行模式极为智慧，即并不是一直保持高空飞行越过山脉，而是尽量选择降低飞行高度，在长途迁徙中节约能量。同时，它们体内的红细胞与氧结合的速度极快，可以承受仅有海平面上30%的氧气浓度，这也是对高原环境的一种适应。

> 深秋时节，珠峰北坡的定结湿地依然充满生机，数只斑头雁集群高飞，在蓝天的映衬下，能清晰地看到它们头顶的两道标志性黑色带斑
谭祥芳 / 摄

∨ 无论是在繁殖、越冬，还是迁徙的过程中，斑头雁都坚持群体生活。或呈小群栖息于湖滨草滩上，或排着整齐的队伍结伴飞行，或成百上千只聚集在冰面上，成为高原湿地中一道亮丽的风景线
谭祥芳／摄

赤麻鸭：成功的保护色

Tadorna ferruginea

雁形目　鸭科

　　赤麻鸭全身棕黄色，又被称作藏黄鸭、黄鸭、黄凫等。广泛分布于东南亚及亚洲中部，于印度和中国南方越冬。在我国，其主要繁殖于东北、西北甚至青藏高原海拔4600米的高度，在长江以南越冬。

　　每年3月中旬左右，岗嘎湿地的冰雪刚开始融化时，赤麻鸭就成群结队地从越冬地迁至这里，直到繁殖育雏事业完成后，又会成群离开。

< 5月下旬，岗嘎湿地的赤麻鸭已经顺利孵化。刚出壳的幼鸭在赤麻鸭夫妇的带领下，来到水边的石滩觅食。两只成鸟有着一身蓬松的棕黄色羽毛，在阳光下十分显眼。相较而言，蹲在石头缝隙间的幼鸭低调许多，整个身体都布满明显的棕褐色带斑，与周围的环境几乎融为一体，难以被发现

　拱子凌 / 摄

∧ 赤麻鸭和斑头雁虽然是两种不同的生物，但是彼此之间相处得很好。定结湿地
的水面上，它们双方几百上千只挤在一起，形成一个友爱的"心形"图案
彭建生／摄

拉萨裸裂尻鱼：我们从远古游来

Schizopygopsis younghusbandi

鲤形目 鲤科

　　面对严寒，鸟儿有翅膀可以迁飞，兽类有脚能够到温暖的低地度过寒冬，只有鱼，无处可去，只能世世代代困守在水中。

　　拉萨裸裂尻鱼是青藏高原的土著鱼，也是这里的特有鱼类。特化的身体构造，使它们与平原地区的鲤鱼、草鱼等截然不同。其实，在青藏地区高峻之前，它们的祖先确实是长得相差无几。但是随着环境的改变，拉萨裸裂尻鱼的演化逐渐呈现"裸"的特征：在低温的水环境中，它们需要越冬蛰居长达半年，导致身体上的鳞片退化为细鳞，仅在肛门至尾鳍间侧线附近保留有8至10片大鳞。而且为了尽可能获取更多的营养来存活，它们也慢慢成为杂食类鱼类。如此一来，祖先用于辨别食物的触须也彻底消失，牙齿也相应减少了。

<　拉萨裸裂尻鱼
　　董磊／摄

森林篇

∧ 棕尾虹雉与杜鹃花　董磊／摄

长叶云杉：守望世界之巅

Picea smithiana

松科 云杉属

　　珠峰南坡的高山深谷中沟壑纵横，从印度洋吹过来的温湿气流让这里具备优越的自然条件，不仅孕育了辽阔的森林，还为一些古老孑遗植物提供了"避难所"。众多植物经历了第四纪冰川的严寒而得以幸存，成为物种演化发展的奇迹，如长叶云杉（*Picea smithiana*）、西藏长叶松（*Pinus roxburghii*）、密叶红豆杉（*Taxus contorta*）等都是珠峰地区的重要树木。

　　喜马拉雅地区的环境特殊，使得这里出现了许多特有物种。这些高山树木的起源和分布都深受青藏高原隆升的影响，仅仅分布于喜马拉雅山脉的狭窄区域。它们的存在对于了解区域植物区系的组成和演变，具有十分重要的价值。

> 吉隆沟的森林中，高大的长叶云杉直指云霄。这种喜马拉雅山脉特有的树木在我国仅见于西藏的吉隆地区
> 董磊 / 摄

< 长叶云杉球果
　 彭建生 / 摄

> 山顶白雪皑皑，山下森
> 林掩映，长叶云杉的针
> 叶细长下垂。这种植
> 物生长于海拔2000～
> 3000米地带，是云杉
> 属在西藏分布海拔最低
> 的一个树种
> 董磊／摄

杜鹃花：色彩缤纷的花仙子家族

Rhododendron

杜鹃花科 杜鹃花属

  著名的高山植物类群杜鹃花属植物，凭借着超强的生命力，从珠峰地区海拔2000多米的亚热带丛林，一直到海拔5000多米的森林上缘都有分布。

  为了适应复杂多样的自然环境，这里的杜鹃花属植物拥有极其丰富多彩的种类。中低海拔的峡谷森林地带，水热条件良好，杜鹃花属植物大多生长为较高大的乔木；随着海拔的升高，我们能见到的杜鹃逐渐变成了大灌木，镶嵌在林木之下；而在贫瘠的高寒地带，这里的杜鹃大多就长成矮小的灌丛，有的甚至贴地而生，匍匐在贫瘠的流石滩上。

> 初夏时节，吉隆山区笼罩着水汽充足的云雾，莽莽林海中，色彩缤纷的林生杜鹃（*Rhododendron lanigerum*）正在悄然开放，绚烂的花朵与远处洁白的雪山相映成趣
> 董磊／摄

< 吉隆夏村的糙皮桦树林中，成片的钟花杜鹃
（*Rhododendron campanulatum*）环绕林
间，这是一种灌木状杜鹃，株高可以达到5米
董磊／摄

杜鹃花与暗胸朱雀（*Procarduelis nipalensis*）
董磊 / 摄

长尾叶猴：珠峰下的跳远健将

Semnopithecus schistaceus

灵长目 猴科

　　灵长类是高度适应森林环境的动物类群之一。在珠峰南坡的山林中，如果你看到一群顶着"奶奶灰"毛发、拖着长尾巴、长着黑脸庞的猴子穿行其间，那准是遇见了长尾叶猴。这种喜马拉雅山脉南坡特有的灵长类动物，在我国仅分布于西藏。

　　为了在密林中自如活动，长尾叶猴的准备比我们人类更加充分。修长的四肢，长长的尾巴，使它十分善于跳跃，常常一纵身就达8米以上，还能从12米高的树上轻松地跳到地面。

> 跳跃的长尾叶猴
　　谭祥芳 / 摄

长尾叶猴通常成群活动，不怕人类，无论在丛林深处，还是在村庄周围，都能见其踪影。在吉隆沟一带生活的一群长尾叶猴，经常会来到一处空旷的石坡上活动。凭借多年的生存经验，这里视野开阔，已被它们选作瞭望台，不仅能容纳多个家族成员，还能眺望远处，以便随时发现危险

董磊／摄

藏南猕猴：濒危的密林隐士

Macaca munzala

灵长目　猴科

　　藏南猕猴世代定居于珠峰南坡的冷杉林中。但是直到2005年，才被科学家发现并命名为一个全新的物种。目前，藏南猕猴的种群数量十分稀少，据估计，全世界仅约550只，已被《世界自然保护联盟濒危物种红色名录》和《中国生物多样性红色名录——脊椎动物卷》列为濒危物种。

> 这只藏南猕猴有着一双明亮的大眼睛，似乎充满了故事。它和它的家族一直生活在绒辖沟的浩瀚森林里，但是直到2005年才被科学家揭开神秘的面纱
> 彭建生／摄

寒风来袭，三只藏南猕猴紧紧偎依在一起抱团取暖。一身浓密的褐色毛发让它们几乎和周围融为一体。藏南猕猴的种群数量十分稀少，它们身上尚有太多的未知需要探索和研究

谭祥芳 / 摄

塔尔羊：潇洒的长毛羊

Hemitragus jemlahicus

偶蹄目 牛科

　　南北走向的沟谷内，不同区系的动物在这里交汇混杂，从而演化出种类繁多的野生动物，包括一些喜马拉雅山脉的特有种，塔尔羊就是其中之一。1972年，中国科学院喜马拉雅综合考察队在聂拉木附近发现了它。

　　即使在海拔较低的森林中，冬季的温度也能降至零下一二十摄氏度。为了顺利越冬，并且在寒冬中得到雌羊的青睐，完成繁殖使命，这只雄塔尔羊做足了准备。身披及膝的厚实长毛，在寒风中站立于高处，没有谁不会为它动心！

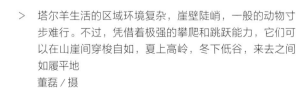

> 塔尔羊生活的区域环境复杂，崖壁陡峭，一般的动物寸步难行。不过，凭借着极强的攀爬和跳跃能力，它们可以在山崖间穿梭自如，夏上高岭，冬下低谷，来去之间如履平地
　董磊／摄

144

山崖上的塔尔羊
谭祥芳 / 摄

喜马拉雅斑羚：孤峰绝壁上的精灵

Naemorhedus goral

偶蹄目 牛科

  珠峰南坡的森林总是充满无限生机，即便是人类望而生畏的悬崖绝壁上，野生动物也从未缺席，喜马拉雅斑羚就生活在这里。这种仅仅分布于珠峰地区与尼泊尔交界处的有蹄类动物，形似山羊，总是活动在非常险峻的地方。那些狭窄的悬崖边缘，一个陡坡就能有几百米的落差，落脚的地方却只有不到半平方米，却是它们躲避天敌的安全屏障。

> 晨曦下，峡谷间参差起伏的原始森林郁郁葱葱。一只喜马拉雅斑羚出现在悬崖边的大石头上，身前就是深渊裂谷，但是它看起来毫不畏惧。它有着暗棕的毛色，与周围树木的颜色极其相似，能够发现它着实令人惊喜
> 董磊／摄

灌丛中的喜马拉雅斑羚（*Naemorhedus goral*）
董磊 / 摄

∧ 一对喜马拉雅斑羚母子警惕而好奇地在林下
活动。喜马拉雅斑羚虽然经常在悬崖峭壁上
活动，但是在进食的时候，它们也会来到森
林之中或者高山草甸附近
董磊 / 摄

棕尾虹雉：头戴凤冠的九色鸟

Lophophorus impejanus

鸡形目 雉科

在喜马拉雅南翼的迷雾森林中，终年栖息着一种绝色神鸟——棕尾虹雉。该物种的雄鸟尤为美丽，其头顶一簇延长的蓝绿色羽冠，身披华丽羽翼，全身泛着彩虹般的金属光泽。

由于天生的绝世芳容，棕尾虹雉又名"九色鸟"，在尼泊尔被奉为国鸟。其分布地域狭窄，种群数量稀少，在我国仅生活在西藏南部和东南部，被列为国家一级重点保护野生动物。

珠峰地区的棕尾虹雉与当地居民友好相处，每日清晨，它们都会早早来到寺庙周围的草地上觅食；收割季节，它们也会按时到当地人的田地里啄食青稞。

< 棕尾虹雉的雌鸟羽色暗淡，并不如雄鸟那样出彩。雄鸟隆重的打扮是为了吸引雌鸟，从而完成生命中最重要的环节——繁殖
董磊 / 摄

> 如此高调的装扮，虽然能够赢得雌鸟的芳心，
> 但很容易被天敌发现。所以棕尾虹雉躲在森林
> 和灌丛周边活动，来隐蔽自己。另外，它们时
> 刻保持警惕，一旦有风吹草动，就振翅滑翔飞
> 入云雾笼罩的山谷丛林中
> 董磊／摄

火尾太阳鸟：花丛中的火舞者

Aethopyga ignicauda

雀形目 太阳鸟科

　　温暖的印度洋滋润着珠峰的森林，也哺育多彩的生命，火尾太阳鸟便是其中之一。这是一种袖珍的亚热带鸟类，喜马拉雅南坡是其重要分布区。早春，万物生发，这只火尾太阳鸟落在了满是嫩叶的枝条上，修长的火红色尾羽让它如凤凰般绚丽。

　　在众多食物中，它最喜欢吃花蜜。每年春夏季，它都会忙碌地穿行在花丛中，用它那细长的喙探入各种花朵中采食花蜜。在繁殖季节，雄鸟会在树林上空翻滚飞翔，长长的火红尾羽飘逸地抖动，如同一团火焰在闪耀，它们俨然是花丛中的火舞者。

< 火尾太阳鸟
　　拱子凌 / 摄

南亚岩蜥：岩石上的潜伏者

Laudakia tuberculata

有鳞目　鬣蜥科

　　珠峰南坡的密林中包罗万象，那里不仅是飞禽走兽的广阔天地，也是虫鸣蠢跃的隐秘世界，更生活着很多鲜为人知的爬行动物。正可谓俯仰之间，皆有奥妙。

　　南亚岩蜥是一种体长为25~35厘米的爬行动物，在我国主要分布于珠峰南坡的吉隆沟。比起西藏高海拔地区的西藏岩蜥和拉萨岩蜥，南亚岩蜥的栖息海拔相对较低，主要在2300米以下的森林峡谷区域。

> 5月的下午，吉隆的森林峡谷中充满暖意，阳光照耀着裸露的岩石，显得美丽又安静，像一个空荡荡的剧场。突然，一只藏匿于石缝中的南亚岩蜥闪亮登场，它的动作十分敏捷，很快就爬上石头的高处
> 董磊／摄

> 这只南亚岩蜥扁侧的身
体贴在石壁上，一边惬
意地享受着阳光的照射
来提高身体的活动灵敏
度，一边等待着猎物自
己送到嘴边，它所需要
做的就是闪电出击，一
击致命
董磊／摄

珠穆朗玛峰在藏语中代表着"大地之母"。它慷慨地赋予世界极壮美的自然景观、极灿烂的万千生命。同时，它也极其脆弱和敏感，所在地区对我国乃至全球的气候和生态安全都具有重要影响。今天，我们怀着一颗敬畏之心，在认识珠峰之中多彩生命的同时，也在努力保护生物多样性。无论是自然保护区的建立，珠峰脚下的"圣山儿女"，还是珠峰的影像保护，都是人与自然和谐共生的美妙篇章。

惜·大地之母

珠峰国家级自然保护区

圣山儿女

影像保护珠峰

珠峰国家级自然保护区

在海拔落差7000多米的山体上，珠穆朗玛峰立体展现了从北极至南方亚热带的气候差异和生物多样性，用它独有的温度变化庇护着500多种野生动物、2500多种植物，成为它们世代繁衍生息的家园，也创造了属于自己的、独特的生命图景。

为了守护好珠峰及其周边地区的自然环境和自然资源，珠穆朗玛峰国家级自然保护区应运而生。

1988年，西藏自治区人民政府建立了珠穆朗玛峰自然保护区；1994年，经国务院批准晋升为国家级自然保护区，是西藏最早建立的国家级自然保护区。珠穆朗玛峰国家级自然保护区（以下简称珠峰保护区）自成立以来，得到了中央政府和地方政府大量的人力、物力支持，其坚持可持续发展的原则，与多个国际民间环保组织机构合作，开展多个环保项目。2001年被纳入中国人与生物圈网络，2004年加入联合国教科文组织生物圈保护区，2006年被国家林业局列入全国51个示范单位之一。2017年，珠峰保护区在以国家投资为主和其他国内外援助项目支持为辅的框架下，已建设成为全国一流的自然保护区。

珠峰保护区位于我国西藏自治区与尼泊尔联邦民主共和国交界处，行政属西藏自治区日喀则市的定结、定日、聂拉木、吉隆四县所辖。北以雅鲁藏布江（吉隆县境内）和藏南分水岭（定日县境内）为界；东以拿当曲与哈曲分水岭、朋曲支流-雅鲁藏布江与吉布弄下游分水岭为界；南以定结县与岗巴县县界及彭作浦曲与拉冬扎乌河分水岭为界；西抵阿母嘎曲、瓮布曲与桑卓曲、希哟得藏布分水岭。大致可沿希夏邦马峰-卓奥友峰-珠穆朗玛峰-马卡鲁峰一线分为南、北翼两大区域。珠峰保护区经纬度为北纬27°48′~29°12′，东经84°27′~88°21′，总面积达33819平方千米。其中核心区面积为10325平方千米，占总面积的30.53%；缓冲区面积6253平方千米，占总面积的18.49%；实验区面积为17241平方千米，占总面积的50.98%。

珠峰保护区是以保护极高山生态系统、山地森林生态系统、灌丛草原生态系统、湿地生态系统以及分布于其中的众多珍稀野生动植物为主，同时保护当地藏民族历史文化遗产等具有重大科学研究价值的综合性自然保护区。珠峰保护区的野生动植物极为丰富，是西藏自治区内生物多样性最为丰富的区域，也是我国珍稀保护物种最多的生物资源宝库之一。

> 珠峰是世界的珠峰
　董磊／摄

珠峰是世界的珠峰

Everest is the "pearl peak" of the world.

珠峰自然保护区　宣

Issued by Qomolangma Nature Reserve

Qomolangma Nature Preserve

圣山儿女

珠穆朗玛峰国家级自然保护区建区30余年来，西藏自治区人民政府坚持把生态保护放在首位，以最严格的措施保护着世界屋脊的生态环境。保护区构架已基本完成，管理机构健全，服务设施完善。保护区的极高山、山地森林、灌丛草原、湿地等生态系统和丰富多样的野生动植物都受到了保护。

在珠穆朗玛峰国家级自然保护区的建设和管理中，也活跃着许多当地农牧民的身影。在珠峰的护佑下，他们世代安居于此，不仅体格壮硕，也十分熟悉这里的动植物分布和季节变换。因此，科学合理地安排当地居民作为保护区的巡护员，不仅能提高巡护的效率还能为居民解决部分生计问题，从而促进了保护工作的进行和周边社区的发展。

< 雪山下的吉普村、扎村、乃村和吉隆镇一角。近年来，当地居民的保护意识日渐增强，很多人都主动参与到珠峰的自然保护工作中来
董磊／摄

"牦牛司令"眼中的珠峰生态之变

48岁的拉巴次仁,人称"牦牛司令"。在珠穆朗玛峰国家级自然保护区工作了28年的他,有几年的时间都在登山季为登山队联系当地牦牛队运输物资,因此得名"牦牛司令"。他现在是珠穆朗玛峰国家级自然保护区定日管理分局珠峰大本营管理站的站长,日常工作是在保护区巡逻,保护野生动物,监督当地村民遵守垃圾管理、湿地保护等环保规定。

上珠峰全靠牦牛运输物资,拉巴次仁也有着牦牛一样的好脚力。巡逻路线上常遇到车走不了的陡峭砂石坡,体格壮硕的拉巴次仁三两步就爬上去了。"冬天,珠峰登山大本营的雪能有膝盖深,车走不了我们就徒步去。"他说自己最长的徒步纪录是8小时,是在位于珠峰西坡的绒辖沟。

拉巴次仁的老家在西藏日喀则市城区内,却因为自己"太喜欢动物",就跑到了珠峰的山区工作。20世纪90年代初,他还与偷猎分子面对面过。"那时候大家没什么环保意识。"拉巴次仁说,有的人觉得野生动物就跟自家牲畜一样,看到就能杀了吃,或者贩卖皮毛,所以那时"动物见人都躲着走"。

1994年,珠穆朗玛峰国家级自然保护区升级为国家级自然保护区。之后,拉巴次仁走村串户向珠峰脚下的村民讲解什么是国家级保护动物,滥杀保护动物会受到什么惩罚,野生动物如果少了会对生态系统有什么破坏等。

渐渐地,情况有了改变。

"十多年前,我在珠峰大本营见到过一次雪豹。"他说。后来,西藏珠峰雪豹保护中心在保护区内设置的红外相机也多次拍到雪豹,拉巴次仁看着高兴:"这是国家一级保护动物,数量稀少。我原来还怀疑已经灭绝,现在不用担心了。"

"其他动物的数量也增多了。"他说,每次巡逻他都会把所见动物数量和分布情况悉心整理成表格,渐渐地,他心里也绘成了一幅珠峰地区野生动物的分布图:藏野驴在加措乡、岗嘎镇和克玛乡比较多;曲当乡、绒辖乡海拔低,能见到猕猴。"岩羊嘛,到处都很多。"他说,在珠峰登山大本营附近还有一头"相熟"的岩羊朋友,它的角很特别,一眼就能认出,有时还会跟它打招呼,巡逻车经过时它也不会躲。

"动物们知道现在人类不会伤害它们了。"

巡护人员在卓奥友峰脚下
珠峰雪豹保护中心供图

巡护人员艰难地行走在裸岩坡地上
董磊 / 摄

拉巴次仁笑着说。几天前，他和管理站的同事们还救助了一只摔伤的岩羊，把它送到一名管护队员家中养伤。当地村民们发现了伤亡的野生动物，也会主动向管理站报告。

而像珠峰大本营一样的管理站，珠穆朗玛峰国家级自然保护区内共有20个，平均每个管护站配备10名管护队员。仅在定日县，就有80多名这样的队员，他们大多是当地的农牧民群众，每人每年增收约3万元。

除了保护野生动物，拉巴次仁和同事们还是珠峰大本营区域的垃圾管理员。珠峰游客大本营旁设立了垃圾转运站，登山者、游客和当地村民等产生的生活垃圾全部运输至此，并建立台账，之后转运至定日县城统一处理。他们还修建了垃圾处理的新设施，拉巴次仁说：

"登山者产生的污水、餐厨垃圾和排泄物，就地无害化处理，水资源还能循环利用，这样从登山营地转运下来的垃圾就少了很多。"

天气转暖，高海拔山区中也能见到大片绿色。走在巡逻路上，拉巴次仁的眼睛一刻不停地在山坡和河谷里扫视。再过一个月左右，岩羊的繁殖季就将到来，那是他最喜爱的动物，但狼在那时也会活跃起来。

"我们肯定不会因为偏爱岩羊，就去特意保护它的幼崽，这样对狼不公平。"他说，从管牦牛的"司令"到野生动物的朋友，"这么多年，我们已经学会了尊重自然法则。"

珠峰脚下，牧民的牦牛队伍在清脆的铃声中渐行渐远，山坡上的岩羊群闲庭信步。人、动物、山，和谐共生。

∧ 暮色茫茫，只有雪山脚下的帐篷散发着光亮，珠穆朗玛峰国家级自然保护区的巡护人员将在这里度过一夜
董磊/摄

影像保护珠峰

"中国野生动物摄影训练营" 西藏珠峰营

"中国野生动物摄影训练营" 西藏珠峰营导师带领学员野外实习
珠峰雪豹保护中心供图

"中国野生动物摄影训练营" 西藏珠峰营学员和导师合影
珠峰雪豹保护中心供图

世界之巅的家园，从常绿阔叶林到针叶林，从灌丛到冰原苔藓，完整的垂直生态系统中蕴藏着无数的生命故事，为摄影师提供了丰富的摄影素材。珠穆朗玛峰国家级自然保护区管理局作为守护珠峰的一线机构，也在不断地记录和探索，希望通过自然影像的力量，让保护区的野生动植物不仅仅像神话般存在于口口相传中，也能让公众领略到这些生命的奇迹，唤起公众对珠峰自然的关注和了解。

为了进一步推动生态摄影和"用影像保护自然"的理念，珠穆朗玛峰国家级自然保护区、万科公益基金会、珠峰雪豹保护计划和野性中国于2019年10月20日—28日举办了"中国野生动物摄影训练营"。希望通过摄影培训来提高保护区相关工作人员的摄影技术水平，增强生态摄影的观念，加强运用野生动物影像进行宣传和教育的能力。

训练营通过为期八天的室内授课和野外强化拍摄培训，对来自西藏珠穆朗玛峰国家级自然保护区的十二名一线工作人员和内地三个保护区的三位工作人员，进行了系统化的、有针对性的生态摄影训练，顺利完成了训练营的预期目标。学员们在资深导师的指导下，深入保护区腹地，用相机拍下诸多美景的同时，对生态摄影的原则、方法和技巧也有了更深刻的了解和认识。

"中国野生动物影像训练营"西藏珠峰营学员作品

祝致远/摄

张敏/摄

拉巴次仁/摄

雷小勇/摄

吴丹/摄

达娃顿珠/摄

土旦/摄

胡文/摄

陈松/摄

杨立坤/摄

珠峰生物多样性影像调查

万科公益基金会访谈

记者：发起珠峰生物多样性影像调查的初衷是什么？

万科公益基金会：自2013年起，西藏自治区林业和草原局与万科公益基金会建立战略合作关系，共同发布"珠峰雪豹保护计划"。2014年5月，珠穆朗玛峰国家级自然保护区管理局和万科公益基金会联合成立"珠峰雪豹保护中心"，同年，发布"雪豹保护行动"。至2020年年底，通过数年行动，珠峰雪豹保护中心已初步建成珠峰地区雪豹保护合作网络。联合物种研究、社区发展、保护管理、自然影像传播等领域合作伙伴，为珠峰地区雪豹及其栖息地保护工作作出了积极探索与尝试。其中，自然影像传播工作能够让公众更好地了解珠峰的自然生态系统和生物多样性，从而参与关注与珠峰自然保护相关的活动，是"珠峰雪豹保护计划"的重点方向之一。

记者：希望通过调查达到什么样的目的？

万科公益基金会：珠峰雪豹保护中心希望通过珠峰的生物多样性影像调查，获取珠峰自然生态影像资料，汇总珠峰优秀的自然摄影作品，出版首本《珠穆朗玛——鲜为人知的生灵秘境》，更好地展示珠峰的自然景观和生物多样性，以期让更多的公众了解珠峰的真实面貌，关注珠峰的自然保护。

记者：生物多样性影像调查具体包含哪些内容？

万科公益基金会：珠峰生物多样性影像调查的对象主要以珍稀植物和珍稀动物两大类为主。其中，雪豹、塔尔羊、长尾叶猴、棕尾虹雉、暗腹雪鸡等珍稀动物在自然状态下的生活习性，以及珠峰的绿绒蒿、雪兔子等冰缘带植物的调查拍摄是拍摄重点。

记者：目前取得了怎样的成果？对基金会项目的发展有什么样的作用？

万科公益基金会：通过持续两年多的调查，目前，调查团队已对珠穆朗玛峰国家级自然保护区内的野生动植物的分布情况及活动规律、生长节律等有了基本了解。调查团队还拍摄了大量的自然影像，其中有大量罕见的野生动植物的珍贵影像，甚至有众多国内的新纪录、新物种等的重大发现，这些都为珠穆朗玛峰国家级自然保护区和基金会后续的自然影像传播工作建立了良好的基础。

记者：珠峰生物多样性影像计划是否有进一步的后续计划？

万科公益基金会：目前，调查团队已经在珠穆朗玛峰国家级自然保护区内的绒辖沟、陈塘沟、嘎玛沟、樟木沟和吉隆沟等地全面开展了生物多样性影像调查，希望在后续的工作中，能够通过这次生物多样性影像调查过程中的经验，为后续的珠穆朗玛峰国家级自然保护区的影像资料拍摄和管理打下坚实的基础，同时出版首本《珠穆朗玛——鲜为人知的生灵秘境》，从而更全面、更深入地传播珠峰自然生态之美。

∧ 萨勒乡全景
彭建生 / 摄

珠峰生物多样性影像调查
摄影师简介及拍摄手记

彭建生

　　著名自然摄影师。20多年来专注于青藏高原影像生物多样性调查，出版有《三江并流世界自然遗产地野生观赏植物》《纳帕海的鸟》《普达措国家公园观鸟手册》《青藏高原野花大图鉴》等。

　　其实在此次珠穆朗玛峰国家级自然保护区生物多样性影像调查开始之前，我就一直在关注和拍摄这一区域的野生动植物。此次调查，我们主要在珠穆朗玛峰国家级自然保护区内的几条深切的沟谷内开展，因为这里是珠穆朗玛峰国家级自然保护区生物多样性最密集和最丰富的区域。我们按照不同的季节，针对不同生物类群的生长和活动规律进行多次调查，从而希望能够获得尽可能全面和系统的影像成果。

　　在整个调查过程中，我认为最大的收获就是2018年在吉隆沟考察时，我们为中国哺乳类名录确认了一个中国新纪录：亚洲胡狼。当时我们正在海拔3500米左右的草甸、碎石滩区域考察，草地灌丛中突然出现一只类似狐狸的兽类。在它穿过灌丛，沿着山坡迅速消失之前，我们拍摄到了非常清晰的影像。亚洲胡狼的外观和颜色介于赤狐和狼之间，最相似的动物是豺。这个罕见的中国犬科动物新纪录和难得的野外亲身经历，真是让我每次回忆起来都心情激动。之后调查团队在后续的调查中又拍摄到带着幼崽的珍贵的亚洲胡狼影像，从一定程度上证明珠穆朗玛峰国家级自然保护区内其实生活着比较健康的胡狼种群。

　　我们开展影像生物多样性调查有完整的方法与手段，同时也需要一个相当长的调查时间。这样我们所采取的各种调查方法——例如布设红外相机等——才能够实现调查成果的最大化。无论是亚洲胡狼的拍摄经历，还是目前在植物类群中几种新纪录、新物种的发现，都让我无比期待此次调查的最终成果。希望此次调查能够为珠穆朗玛峰国家级自然保护区获得一批高质量的图片与视频，让更多的人通过它们来更深入、更全面地认识珠峰。

董 磊

任教于西南交通大学设计艺术学院，西南山地SWILD艺术总监、缤纷自然（北京）纪录片制作人、云山保护机构理事、英国NPL（Nature Picture Library）自然图库签约摄影师。在高校从事摄影与设计课程教学，摄影题材主要为中国西部地区野生动植物的自然历史摄影。曾获四川省第十五届摄影艺术大展金奖、2019年度优秀国产纪录片及创作人才扶持项目优秀摄像作品奖、ICIMOD Primates of the Far Eastern Himalaya Photo Contest 银奖。自然纪录片《寻找中国最后的穿山甲》制片人、《天行情歌：保护最后的天行长臂猿》总策划、《岷山秘境——王朗》制片人、《蜀山之王》导演。

从世界第一高山珠穆朗玛峰的极高山区域到喜马拉雅面向南方的森林河谷区域，这里是西藏乃至中国生物多样性最丰富的区域，是生物科学家和自然影像工作者的天堂圣地。我以往的拍摄项目特别是自然纪录片的拍摄，需要依托尽可能详尽的科考资料，然而现在的拍摄区域实际上可以说还没有被科学家完全了解，还有大量的未解之谜，甚至还有很多物种可能从来没有在中国物种名录上出现过。所以我们这次的拍摄具有很强的科考性质，也有可能是区内有些地方第一次的科考拍摄，项目产出的所有资料都是弥足珍贵的，令人期待。

自然影像的季节性很明显，比如说很多鸟类是长距离迁徙的，连哺乳类实际也会垂直迁徙，所以这次拍摄我有两个期望：第一个是希望为我们中国的物种名录增加一些以往从未有过的新纪录；第二个是项目区域里秋冬季节可能很多中大型兽类遇见率高了，希望能够发现和拍摄到这些最缺乏影像资料、最难拍摄到的野生动物，比如珠峰的雪豹、喜马拉雅塔尔羊等这些中国公众最不了解的珍贵物种。

徐 波

植物学博士，西南林业大学副教授。专注青藏高原高山植物分类与多样性研究，足迹遍布青藏高原大部分地区。主持国家自然科学基金项目两项，出版《横断山高山冰缘带种子植物》（科学出版社）一书，参与央视纪录片《影响世界的中国植物》《花开中国》等的策划和拍摄。创立微信公众号——"朝花夕抬"，不定期分享藏地植物科考花草趣闻。

珠穆朗玛峰国家级自然保护区乃至喜马拉雅山脉的冰缘带植物的调查和研究，其实一直都是我最重要的工作内容。此次参与珠峰生物多样性影像调查对我来说是千载难逢的机会，因为可以借助与珠穆朗玛峰国家级自然保护区和珠峰雪豹保护中心的合作，深入更广泛的区域开展更全面的植物多样性调查工作。

虽然珠峰地区曾经开展过几次大型的植物多样性调查，例如最著名的青藏队，但是在珠穆朗玛峰国家级自然保护区内常年持续开展植物多样性调查研究工作的人还是很少的。此次调查说明了珠穆朗玛峰国家级自然保护区对于区内植物开展调查研究工作的重视程度。珠穆朗玛峰国家级自然保护区有太多难以抵达的区域，也蕴藏着太多我们没有发现的物种。近年来，我先后在这个区域内发现了十几种植物新种，但是我的研究依然没有覆盖到足够广泛的区域，也没有包含全部的植物生长季节。

目前的调查活动中，我们已经发现了一些植物分布的新纪录，包括几种此前只有植物标本，但是没有真正野外影像资料的物种。这些调查成果固然令人欣喜，但是更希望我们的调查成果能够让更多的人知道和了解，希望更多的人能够通过这些成果来关注珠峰的生物多样性保护。只有这样，我们的调查和研究，才更有价值和意义。

谭祥芳

1996年毕业于华南理工大学计算机系，JAKET品牌创始人，野生动物摄影师。热心环保事业，长期致力于中国野生动物保护的倡导和传播。

当接到通知获准参加此次珠穆朗玛峰国家级自然保护区的生物多样性调查时，我立即毫不犹豫地同意下来，这是一个千载难逢的机会。马上着手调整各项工作，一切日常工作都必须为此次调查让路，其他工作可以再来一次，但这样的机会不常有。为此，我提前两个月就开始做准备了，不允许出任何差错。

因为是第一次到珠穆朗玛峰国家级自然保护区拍摄，所以对我来说一切都是新鲜的，整个拍摄期都是兴奋的。虽然风吹日晒冰天雪地连续工作半个月没有休息过，但好像从没有感觉到累。每天都期待与新的物种偶遇，因为没有来过，所以每天都是新的，这种感觉真是棒极了。也许这就是野生动物摄影师最大的幸福吧。

雪豹是当然的核心期待，而且还幻想着可以拍到以珠峰为背景的雪豹。哈哈，画面设想得很理想，也知道这种概率非常低，但每当想到这个画面时就情绪高涨。每天早上都精神抖擞地出发，虽然我们也知道这无异于中彩票一样难，但谁知道呢？这就是野生动物影像调查的魅力。

因为拍摄过绿尾虹雉的缘故，所以此次对棕尾虹雉的拍摄也充满了期待。刚开始在吉隆的山上偶遇过几只，也爬山追踪过，但更多的仅仅只是一个照面，无法拍到好的影像，所以心里一直带着遗憾和失落，总觉得错过了就再也没有机会了。直到在绒辖沟看到大群的棕尾虹雉时，心情才完全释放，一群群的就在你面前，简直就像在天堂工作。不舍得走，一直守拍到天完全黑了才恋恋不舍地下山。当像雄狮一样壮美的公塔尔羊出现在河的对岸静静地望着你时，你唯一要做的只有屏住呼吸且保持不停地按快门这个单一动作，你会完全被这种物种之美所震撼和折服……

珠穆朗玛峰国家级自然保护区的生物多样性非常丰富，还有绝美的自然风光，这一切都应该让更多的人知道，让更多的人了解珠峰的丰富物种。如果能因此让更多的人关注珠峰的人与自然的和谐，乃至关心更大范围的自然保护，那我们这次的调查就是有极大价值的。

在吉普大峡谷调查拍摄
珠穆朗玛峰国家级自然保护区生物多样性影像调查队供图

吉隆夏村，行走在冰川上
珠穆朗玛峰国家级自然保护区生物多样性影像调查队供图

拍摄黑颈鹤巢
珠穆朗玛峰国家级自然保护区生物多样性影像调查队供图

嘉错拉山口拍摄扇叶龙胆
珠穆朗玛峰国家级自然保护区生物多样性影像调查队供图

雪山与经幡
彭建生/摄

珠峰的保护者们，

他们的每一个脚印，

都指向伟大与光荣。

神圣的自然值得敬畏，

保护，比征服更有意义！

因此，我们有责任和义务

去关注、保护珠峰！

国家重点保护野生动物名录（鸟兽部分）

国家一级重点保护野生动物

中文名	学 名
蜂猴	*Nycticebus bengalensis*
倭蜂猴	*Nycticebus pygmaeus*
台湾猴	*Macaca cyclopis*
北豚尾猴	*Macaca leonina*
喜山长尾叶猴	*Semnopithecus schistaceus*
印支灰叶猴	*Trachypithecus crepusculus*
黑叶猴	*Trachypithecus francoisi*
菲氏叶猴	*Trachypithecus phayrei*
戴帽叶猴	*Trachypithecus pileatus*
白头叶猴	*Trachypithecus leucocephalus*
肖氏乌叶猴	*Trachypithecus shortridgei*
滇金丝猴	*Rhinopithecus bieti*
黔金丝猴	*Rhinopithecus brelichi*
川金丝猴	*Rhinopithecus roxellana*
怒江金丝猴	*Rhinopithecus strykeri*
西白眉长臂猿	*Hoolock hoolock*
东白眉长臂猿	*Hoolock leuconedys*
高黎贡白眉长臂猿	*Hoolock tianxing*
白掌长臂猿	*Hylobates lar*
西黑冠长臂猿	*Nomascus concolor*
东黑冠长臂猿	*Nomascus nasutus*
海南长臂猿	*Nomascus hainanus*
北白颊长臂猿	*Nomascus leucogenys*
印度穿山甲	*Manis crassicaudata*
马来穿山甲	*Manis javanica*
穿山甲	*Manis pentadactyla*
豺	*Cuon alpinus*
马来熊	*Helarctos malayanus*
大熊猫	*Ailuropoda melanoleuca*
紫貂	*Martes zibellina*
貂熊	*Gulo gulo*
大斑灵猫	*Viverra megaspila*
大灵猫	*Viverra zibetha*
小灵猫	*Viverricula indica*
熊狸	*Arctictis binturong*

中文名	学 名
小齿狸	*Arctogalidia trivirgata*
缟灵猫	*Chrotogale owstoni*
荒漠猫	*Felis bieti*
丛林猫	*Felis chaus*
金猫	*Pardofelis temminckii*
云豹	*Neofelis nebulosa*
豹	*Panthera pardus*
虎	*Panthera tigris*
雪豹	*Panthera uncia*
*西太平洋斑海豹	*Phoca largha*
亚洲象	*Elephas maximus*
普氏野马	*Equus ferus*
蒙古野驴	*Equus hemionus*
藏野驴	*Equus kiang*
野骆驼	*Camelus ferus*
威氏鼷鹿	*Tragulus williamsoni*
安徽麝	*Moschus anhuiensis*
林麝	*Moschus berezovskii*
马麝	*Moschus chrysogaster*
黑麝	*Moschus fuscus*
喜马拉雅麝	*Moschus leucogaster*
原麝	*Moschus moschiferus*
黑鹿	*Muntiacus crinifrons*
豚鹿	*Axis porcinus*
梅花鹿	*Cervus nippon*
西藏马鹿（包括白臀鹿）	*Cervus wallichii* (*C. w. macneilli*)
塔里木马鹿	*Cervus yarkandensis*
坡鹿	*Panolia siamensis*
白唇鹿	*Przewalskium albirostris*
麋鹿	*Elaphurus davidianus*
驼鹿	*Alces alces*
野牛	*Bos gaurus*
爪哇野牛	*Bos javanicus*
野牦牛	*Bos mutus*

中文名	学 名
蒙原羚	*Procapra gutturosa*
普氏原羚	*Procapra przewalskii*
藏羚	*Pantholops hodgsonii*
高鼻羚羊	*Saiga tatarica*
秦岭羚牛	*Budorcas bedfordi*
四川羚牛	*Budorcas tibetanus*
不丹羚牛	*Budorcas whitei*
贡山羚牛	*Budorcas taxicolor*
赤斑羚	*Naemorhedus baileyi*
喜马拉雅斑羚	*Naemorhedus goral*
塔尔羊	*Hemitragus jemlahicus*
西藏盘羊	*Ovis hodgsoni*
台湾鬣羚	*Capricornis swinhoei*
喜马拉雅鬣羚	*Capricornis thar*
河狸	*Castor fiber*
*儒艮	*Dugong dugon*
*北太平洋露脊鲸	*Eubalaena japonica*
*灰鲸	*Eschrichtius robustus*
*蓝鲸	*Balaenoptera musculus*
*小须鲸	*Balaenoptera acutorostrata*
*塞鲸	*Balaenoptera borealis*
*布氏鲸	*Balaenoptera edeni*
*大村鲸	*Balaenoptera omurai*
*长须鲸	*Balaenoptera physalus*
*大翅鲸	*Megaptera novaeangliae*
*白鱀豚	*Lipotes vexillifer*
*恒河豚	*Platanista gangetica*
*中华白海豚	*Sousa chinensis*
*长江江豚	*Neophocaena asiaeorientalis*
*抹香鲸	*Physeter macrocephalus*
四川山鹧鸪	*Arborophila rufipectus*
海南山鹧鸪	*Arborophila ardens*
斑尾榛鸡	*Tetrastes sewerzowi*
黑嘴松鸡	*Tetrao urogalloides*
黑琴鸡	*Lyrurus tetrix*

中文名	学 名
红喉雉鹑	*Tetraophasis obscurus*
黄喉雉鹑	*Tetraophasis szechenyii*
黑头角雉	*Tragopan melanocephalus*
红胸角雉	*Tragopan satyra*
灰腹角雉	*Tragopan blythii*
黄腹角雉	*Tragopan caboti*
棕尾虹雉	*Lophophorus impejanus*
白尾梢虹雉	*Lophophorus sclateri*
绿尾虹雉	*Lophophorus lhuysii*
蓝腹鹇	*Lophura swinhoii*
褐马鸡	*Crossoptilon mantchuricum*
白颈长尾雉	*Syrmaticus ellioti*
黑颈长尾雉	*Syrmaticus humiae*
黑长尾雉	*Syrmaticus mikado*
白冠长尾雉	*Syrmaticus reevesii*
灰孔雀雉	*Polyplectron bicalcaratum*
海南孔雀雉	*Polyplectron katsumatae*
绿孔雀	*Pavo muticus*
青头潜鸭	*Aythya baeri*
中华秋沙鸭	*Mergus squamatus*
白头硬尾鸭	*Oxyura leucocephala*
小鹃鸠	*Macropygia ruficeps*
大鸨	*Otis tarda*
波斑鸨	*Chlamydotis macqueenii*
小鸨	*Tetrax tetrax*
白鹤	*Grus leucogeranus*
白枕鹤	*Grus vipio*
赤颈鹤	*Grus antigone*
丹顶鹤	*Grus japonensis*

中文名	学 名
白头鹤	*Grus monacha*
黑颈鹤	*Grus nigricollis*
小青脚鹬	*Tringa guttifer*
勺嘴鹬	*Calidris pygmeus*
黑嘴鸥	*Saundersilarus saundersi*
遗鸥	*Ichthyaetus relictus*
中华凤头燕鸥	*Thalasseus bernsteini*
河燕鸥	*Sterna aurantia*
黑脚信天翁	*Phoebastria nigripes*
短尾信天翁	*Phoebastria albatrus*
彩鹳	*Mycteria leucocephala*
黑鹳	*Ciconia nigra*
白鹳	*Ciconia ciconia*
东方白鹳	*Ciconia boyciana*
白腹军舰鸟	*Fregata andrewsi*
黑头白鹮	*Threskiornis melanocephalus*
白肩黑鹮	*Pseudibis davisoni*
朱鹮	*Nipponia nippon*
彩鹮	*Plegadis falcinellus*
黑脸琵鹭	*Platalea minor*
海南鳽	*Gorsachius magnificus*
白腹鹭	*Ardea insignis*
黄嘴白鹭	*Egretta eulophotes*
白鹈鹕	*Pelecanus onocrotalus*
斑嘴鹈鹕	*Pelecanus philippensis*
卷羽鹈鹕	*Pelecanus crispus*
胡兀鹫	*Gypaetus barbatus*
白背兀鹫	*Gyps bengalensis*
黑兀鹫	*Sarcogyps calvus*

中文名	学 名
秃鹫	*Aegypius monachus*
乌雕	*Clanga clanga*
草原雕	*Aquila nipalensis*
白肩雕	*Aquila heliaca*
金雕	*Aquila chrysaetos*
白腹海雕	*Haliaeetus leucogaster*
玉带海雕	*Haliaeetus leucoryphus*
白尾海雕	*Haliaeetus albicilla*
虎头海雕	*Haliaeetus pelagicus*
毛腿雕鸮	*Bubo blakistoni*
四川林鸮	*Strix davidi*
白喉犀鸟	*Anorrhinus austeni*
冠斑犀鸟	*Anthracoceros albirostris*
双角犀鸟	*Buceros bicornis*
棕颈犀鸟	*Aceros nipalensis*
花冠皱盔犀鸟	*Rhyticeros undulatus*
猎隼	*Falco cherrug*
矛隼	*Falco rusticolus*
黑头噪鸦	*Perisoreus internigrans*
灰冠鸦雀	*Sinosuthora przewalskii*
金额雀鹛	*Schoeniparus variegaticeps*
黑额山噪鹛	*Garrulax sukatschewi*
白点噪鹛	*Garrulax bieti*
蓝冠噪鹛	*Garrulax courtoisi*
黑冠薮鹛	*Liocichla bugunorum*
灰胸薮鹛	*Liocichla omeiensis*
棕头歌鸲	*Larvivora ruficeps*
栗斑腹鹀	*Emberiza jankowskii*
黄胸鹀	*Emberiza aureola*

国家二级重点保护野生动物

中文名	学 名
短尾猴	*Macaca arctoides*
熊猴	*Macaca assamensis*
白颊猕猴	*Macaca leucogenys*
猕猴	*Macaca mulatta*
藏南猕猴	*Macaca munzala*
藏酋猴	*Macaca thibetana*

中文名	学 名
狼	*Canis lupus*
亚洲胡狼	*Canis aureus*
貉	*Nyctereutes procyonoides*
沙狐	*Vulpes corsac*
藏狐	*Vulpes ferrilata*
赤狐	*Vulpes vulpes*

中文名	学 名
懒熊	*Melursus ursinus*
棕熊	*Ursus arctos*
黑熊	*Ursus thibetanus*
小熊猫	*Ailurus fulgens*
黄喉貂	*Martes flavigula*
石貂	*Martes foina*

中文名	学 名
*小爪水獭	*Aonyx cinerea*
*水獭	*Lutra lutra*
*江獭	*Lutrogale perspicillata*
椰子猫	*Paradoxurus hermaphroditus*
斑林狸	*Prionodon pardicolor*
野猫	*Felis silvestris*
渔猫	*Felis viverrinus*
兔狲	*Otocolobus manul*
猞猁	*Lynx lynx*
云猫	*Pardofelis marmorata*
豹猫	*Prionailurus bengalensis*
*北海狗	*Callorhinus ursinus*
*北海狮	*Eumetopias jubatus*
*髯海豹	*Erignathus barbatus*
*环海豹	*Pusa hispida*
獐	*Hydropotes inermis*
贡山麂	*Muntiacus gongshanensis*
海南麂	*Muntiacus nigripes*
水鹿	*Cervus equinus*
马鹿	*Cervus canadensis*
毛冠鹿	*Elaphodus cephalophus*
藏原羚	*Procapra picticaudata*
鹅喉羚	*Gazella subgutturosa*
长尾斑羚	*Naemorhedus caudatus*
缅甸斑羚	*Naemorhedus evansi*
中华斑羚	*Naemorhedus griseus*
北山羊	*Capra sibirica*
岩羊	*Pseudois nayaur*
阿尔泰盘羊	*Ovis ammon*
哈萨克盘羊	*Ovis collium*
戈壁盘羊	*Ovis darwini*
天山盘羊	*Ovis karelini*
帕米尔盘羊	*Ovis polii*
中华鬣羚	*Capricornis milneedwardsii*
红鬣羚	*Capricornis rubidus*
巨松鼠	*Ratufa bicolor*
贺兰山鼠兔	*Ochotona argentata*
伊犁鼠兔	*Ochotona iliensis*
粗毛兔	*Caprolagus hispidus*
海南兔	*Lepus hainanus*

中文名	学 名
雪兔	*Lepus timidus*
塔里木兔	*Lepus yarkandensis*
*糙齿海豚	*Steno bredanensis*
*热带点斑原海豚	*Stenella attenuata*
*条纹原海豚	*Stenella coeruleoalba*
*飞旋原海豚	*Stenella longirostris*
*长喙真海豚	*Delphinus capensis*
*真海豚	*Delphinus delphis*
*印太瓶鼻海豚	*Tursiops aduncus*
*瓶鼻海豚	*Tursiops truncatus*
*弗氏海豚	*Lagenodelphis hosei*
*里氏海豚	*Grampus griseus*
*太平洋斑纹海豚	*Lagenorhynchus obliquidens*
*瓜头鲸	*Peponocephala electra*
*虎鲸	*Orcinus orca*
*伪虎鲸	*Pseudorca crassidens*
*小虎鲸	*Feresa attenuata*
*短肢领航鲸	*Globicephala macrorhynchus*
*东亚江豚	*Neophocaena sunameri*
*印太江豚	*Neophocaena phocaenoid*
*小抹香鲸	*Kogia breviceps*
*侏抹香鲸	*Kogia sima*
*鹅喙鲸	*Ziphius cavirostris*
*柏氏中喙鲸	*Mesoplodon densirostris*
*银杏齿中喙鲸	*Mesoplodon ginkgodens*
*小中喙鲸	*Mesoplodon peruvianus*
*贝氏喙鲸	*Berardius bairdii*
*朗氏喙鲸	*Indopacetus pacificus*
环颈山鹧鸪	*Arborophila torqueola*
红喉山鹧鸪	*Arborophila rufogularis*
白眉山鹧鸪	*Arborophila gingica*
白颊山鹧鸪	*Arborophila atrogularis*
褐胸山鹧鸪	*Arborophila brunneopectus*
红胸山鹧鸪	*Arborophila mandellii*
台湾山鹧鸪	*Arborophila crudigularis*
绿脚树鹧鸪	*Tropicoperdix chloropus*
花尾榛鸡	*Tetrastes bonasia*
镰翅鸡	*Falcipennis falcipennis*
松鸡	*Tetrao urogallus*

中文名	学 名
岩雷鸟	*Lagopus muta*
柳雷鸟	*Lagopus lagopus*
暗腹雪鸡	*Tetraogallus himalayensis*
藏雪鸡	*Tetraogallus tibetanus*
阿尔泰雪鸡	*Tetraogallus altaicus*
大石鸡	*Alectoris magna*
血雉	*Ithaginis cruentus*
红腹角雉	*Tragopan temminckii*
勺鸡	*Pucrasia macrolopha*
红原鸡	*Gallus gallus*
黑鹇	*Lophura leucomelanos*
白鹇	*Lophura nycthemera*
白马鸡	*Crossoptilon crossoptilon*
藏马鸡	*Crossoptilon harmani*
蓝马鸡	*Crossoptilon auritum*
红腹锦鸡	*Chrysolophus pictus*
白腹锦鸡	*Chrysolophus amherstiae*
栗树鸭	*Dendrocygna javanica*
鸿雁	*Anser cygnoid*
白额雁	*Anser albifrons*
小白额雁	*Anser erythropus*
红胸黑雁	*Branta ruficollis*
疣鼻天鹅	*Cygnus olor*
小天鹅	*Cygnus columbianus*
大天鹅	*Cygnus cygnus*
鸳鸯	*Aix galericulata*
棉凫	*Nettapus coromandelianus*
花脸鸭	*Sibirionetta formosa*
云石斑鸭	*Marmaronetta angustirostris*
斑头秋沙鸭	*Mergellus albellus*
白翅栖鸭	*Asarcornis scutulata*
赤颈䴙䴘	*Podiceps grisegena*
角䴙䴘	*Podiceps auritus*
黑颈䴙䴘	*Podiceps nigricollis*
中亚鸽	*Columba eversmanni*
斑尾林鸽	*Columba palumbus*
紫林鸽	*Columba punicea*
斑尾鹃鸠	*Macropygia unchall*
菲律宾鹃鸠	*Macropygia tenuirostris*
橙胸绿鸠	*Treron bicinctus*

中文名	学 名
灰头绿鸠	*Treron pompadora*
厚嘴绿鸠	*Treron curvirostra*
黄脚绿鸠	*Treron phoenicopterus*
针尾绿鸠	*Treron apicauda*
楔尾绿鸠	*Treron sphenurus*
红翅绿鸠	*Treron sieboldii*
红顶绿鸠	*Treron formosae*
黑颏果鸠	*Ptilinopus leclancheri*
绿皇鸠	*Ducula aenea*
山皇鸠	*Ducula badia*
黑腹沙鸡	*Pterocles orientalis*
黑顶蛙口夜鹰	*Batrachostomus hodgsoni*
凤头雨燕	*Hemiprocne coronata*
爪哇金丝燕	*Aerodramus fuciphagus*
灰喉针尾雨燕	*Hirundapus cochinchinensis*
褐翅鸦鹃	*Centropus sinensis*
小鸦鹃	*Centropus bengalensis*
花田鸡	*Coturnicops exquisitus*
长脚秧鸡	*Crex crex*
棕背田鸡	*Zapornia bicolor*
姬田鸡	*Zapornia parva*
斑胁田鸡	*Zapornia paykullii*
紫水鸡	*Porphyrio porphyrio*
沙丘鹤	*Grus canadensis*
蓑羽鹤	*Grus virgo*
灰鹤	*Grus grus*
大石鸻	*Esacus recurvirostris*
鹮嘴鹬	*Ibidorhyncha struthersii*
黄颊麦鸡	*Vanellus gregarius*
水雉	*Hydrophasianus chirurgus*
铜翅水雉	*Metopidius indicus*
林沙锥	*Gallinago nemoricola*
半蹼鹬	*Limnodromus semipalmatus*
小杓鹬	*Numenius minutus*
白腰杓鹬	*Numenius arquata*
大杓鹬	*Numenius madagascariensis*
翻石鹬	*Arenaria interpres*
大滨鹬	*Calidris tenuirostris*
阔嘴鹬	*Calidris falcinellus*
灰燕鸻	*Glareola lactea*

中文名	学 名
小鸥	*Hydrocoloeus minutus*
大凤头燕鸥	*Thalasseus bergii*
黑腹燕鸥	*Sterna acuticauda*
黑浮鸥	*Chlidonias niger*
冠海雀	*Synthliboramphus wumizusume*
秃鹳	*Leptoptilos javanicus*
黑腹军舰鸟	*Fregata minor*
白斑军舰鸟	*Fregata ariel*
蓝脸鲣鸟	*Sula dactylatra*
红脚鲣鸟	*Sula sula*
褐鲣鸟	*Sula leucogaster*
黑颈鸬鹚	*Microcarbo niger*
海鸬鹚	*Phalacrocorax pelagicus*
白琵鹭	*Platalea leucorodia*
小苇鳽	*Ixobrychus minutus*
栗头鳽	*Gorsachius goisagi*
黑冠鳽	*Gorsachius melanolophus*
岩鹭	*Egretta sacra*
鹗	*Pandion haliaetus*
黑翅鸢	*Elanus caeruleus*
白兀鹫	*Neophron percnopterus*
鹃头蜂鹰	*Pernis apivorus*
凤头蜂鹰	*Pernis ptilorhynchus*
褐冠鹃隼	*Aviceda jerdoni*
黑冠鹃隼	*Aviceda leuphotes*
兀鹫	*Gyps fulvus*
长嘴兀鹫	*Gyps indicus*
高山兀鹫	*Gyps himalayensis*
蛇雕	*Spilornis cheela*
短趾雕	*Circaetus gallicus*
凤头鹰雕	*Nisaetus cirrhatus*
鹰雕	*Nisaetus nipalensis*
棕腹隼雕	*Lophotriorchis kienerii*
林雕	*Ictinaetus malaiensis*
靴隼雕	*Hieraaetus pennatus*
白腹隼雕	*Aquila fasciata*
凤头鹰	*Accipiter trivirgatus*
褐耳鹰	*Accipiter badius*
赤腹鹰	*Accipiter soloensis*
日本松雀鹰	*Accipiter gularis*

中文名	学 名
松雀鹰	*Accipiter virgatus*
雀鹰	*Accipiter nisus*
苍鹰	*Accipiter gentilis*
白头鹞	*Circus aeruginosus*
白腹鹞	*Circus spilonotus*
白尾鹞	*Circus cyaneus*
草原鹞	*Circus macrourus*
鹊鹞	*Circus melanoleucos*
乌灰鹞	*Circus pygargus*
黑鸢	*Milvus migrans*
栗鸢	*Haliastur indus*
渔雕	*Ichthyophaga humilis*
白眼鵟鹰	*Butastur teesa*
棕翅鵟鹰	*Butastur liventer*
灰脸鵟鹰	*Butastur indicus*
毛脚鵟	*Buteo lagopus*
大鵟	*Buteo hemilasius*
普通鵟	*Buteo japonicus*
喜山鵟	*Buteo refectus*
欧亚鵟	*Buteo buteo*
棕尾鵟	*Buteo rufinus*
黄嘴角鸮	*Otus spilocephalus*
领角鸮	*Otus lettia*
北领角鸮	*Otus semitorques*
纵纹角鸮	*Otus brucei*
西红角鸮	*Otus scops*
红角鸮	*Otus sunia*
优雅角鸮	*Otus elegans*
雪鸮	*Bubo scandiacus*
雕鸮	*Bubo bubo*
林雕鸮	*Bubo nipalensis*
褐渔鸮	*Ketupa zeylonensis*
黄腿渔鸮	*Ketupa flavipes*
褐林鸮	*Strix leptogrammica*
灰林鸮	*Strix aluco*
长尾林鸮	*Strix uralensis*
乌林鸮	*Strix nebulosa*
猛鸮	*Surnia ulula*
花头鸺鹠	*Glaucidium passerinum*
领鸺鹠	*Glaucidium brodiei*
斑头鸺鹠	*Glaucidium cuculoides*

中文名	学 名
纵纹腹小鸮	*Athene noctua*
横斑腹小鸮	*Athene brama*
鬼鸮	*Aegolius funereus*
鹰鸮	*Ninox scutulata*
日本鹰鸮	*Ninox japonica*
长耳鸮	*Asio otus*
短耳鸮	*Asio flammeus*
仓鸮	*Tyto alba*
草鸮	*Tyto longimembris*
栗鸮	*Phodilus badius*
橙胸咬鹃	*Harpactes oreskios*
红头咬鹃	*Harpactes erythrocephalus*
红腹咬鹃	*Harpactes wardi*
赤须蜂虎	*Nyctyornis amictus*
蓝须蜂虎	*Nyctyornis athertoni*
绿喉蜂虎	*Merops orientalis*
蓝颊蜂虎	*Merops persicus*
栗喉蜂虎	*Merops philippinus*
彩虹蜂虎	*Merops ornatus*
蓝喉蜂虎	*Merops viridis*
栗头蜂虎	*Merops leschenaultia*
鹳嘴翡翠	*Pelargopsis capensis*
白胸翡翠	*Halcyon smyrnensis*
蓝耳翠鸟	*Alcedo meninting*
斑头大翠鸟	*Alcedo hercules*
白翅啄木鸟	*Dendrocopos leucopterus*
三趾啄木鸟	*Picoides tridactylus*
白腹黑啄木鸟	*Dryocopus javensis*
黑啄木鸟	*Dryocopus martius*
大黄冠啄木鸟	*Chrysophlegma flavinucha*
黄冠啄木鸟	*Picus chlorolophus*
红颈绿啄木鸟	*Picus rabieri*
大灰啄木鸟	*Mulleripicus pulverulentus*
红腿小隼	*Microhierax caerulescens*
白腿小隼	*Microhierax melanoleucus*
黄爪隼	*Falco naumanni*
红隼	*Falco tinnunculus*
西红脚隼	*Falco vespertinus*
红脚隼	*Falco amurensis*
灰背隼	*Falco columbarius*
燕隼	*Falco subbuteo*

中文名	学 名
猛隼	*Falco severus*
游隼	*Falco peregrinus*
短尾鹦鹉	*Loriculus vernalis*
蓝腰鹦鹉	*Psittinus cyanurus*
亚历山大鹦鹉	*Psittacula eupatria*
红领绿鹦鹉	*Psittacula krameri*
青头鹦鹉	*Psittacula himalayana*
灰头鹦鹉	*Psittacula finschii*
花头鹦鹉	*Psittacula roseata*
大紫胸鹦鹉	*Psittacula derbiana*
绯胸鹦鹉	*Psittacula alexandri*
双辫八色鸫	*Pitta phayrei*
蓝枕八色鸫	*Pitta nipalensis*
蓝背八色鸫	*Pitta soror*
栗头八色鸫	*Pitta oatesi*
蓝八色鸫	*Pitta cyanea*
绿胸八色鸫	*Pitta sordida*
仙八色鸫	*Pitta nympha*
蓝翅八色鸫	*Pitta moluccensis*
长尾阔嘴鸟	*Psarisomus dalhousiae*
银胸丝冠鸟	*Serilophus lunatus*
鹊鹂	*Oriolus mellianus*
小盘尾	*Dicrurus remifer*
大盘尾	*Dicrurus paradiseus*
蓝绿鹊	*Cissa chinensis*
黄胸绿鹊	*Cissa hypoleuca*
黑尾地鸦	*Podoces hendersoni*
白尾地鸦	*Podoces biddulphi*
白眉山雀	*Poecile superciliosus*
红腹山雀	*Poecile davidi*
歌百灵	*Mirafra javanica*
蒙古百灵	*Melanocorypha mongolica*
云雀	*Alauda arvensis*
细纹苇莺	*Acrocephalus sorghophilus*
台湾鹎	*Pycnonotus taivanus*
金胸雀鹛	*Lioparus chrysotis*
宝兴鹛雀	*Moupinia poecilotis*
中华雀鹛	*Fulvetta striaticollis*
三趾鸦雀	*Cholornis paradoxus*
白眶鸦雀	*Sinosuthora conspicillata*
暗色鸦雀	*Sinosuthora zappeyi*

中文名	学 名
短尾鸦雀	*Neosuthora davidiana*
震旦鸦雀	*Paradoxornis heudei*
红胁绣眼鸟	*Zosterops erythropleurus*
淡喉鹩鹛	*Spelaeornis kinneari*
弄岗穗鹛	*Stachyris nonggangensis*
大草鹛	*Babax waddelli*
棕草鹛	*Babax koslowi*
画眉	*Garrulax canorus*
海南画眉	*Garrulax owstoni*
台湾画眉	*Garrulax taewanus*
褐胸噪鹛	*Garrulax maesi*
斑背噪鹛	*Garrulax lunulatus*
大噪鹛	*Garrulax maximus*
眼纹噪鹛	*Garrulax ocellatus*
黑喉噪鹛	*Garrulax chinensis*
棕噪鹛	*Garrulax berthemyi*
橙翅噪鹛	*Trochalopteron elliotii*
红翅噪鹛	*Trochalopteron formosum*
红尾噪鹛	*Trochalopteron milnei*
银耳相思鸟	*Leiothrix argentauris*
红嘴相思鸟	*Leiothrix lutea*
四川旋木雀	*Certhia tianquanensis*
滇䴓	*Sitta yunnanensis*
巨䴓	*Sitta magna*
丽䴓	*Sitta formosa*
鹩哥	*Gracula religiosa*
褐头鸫	*Turdus feae*
紫宽嘴鸫	*Cochoa purpurea*
绿宽嘴鸫	*Cochoa viridis*
红喉歌鸲	*Calliope calliope*
黑喉歌鸲	*Calliope obscura*
金胸歌鸲	*Calliope pectardens*
蓝喉歌鸲	*Luscinia svecica*
新疆歌鸲	*Luscinia megarhynchos*
棕腹林鸲	*Tarsiger hyperythrus*
贺兰山红尾鸲	*Phoenicurus alaschanicus*
白喉石䳭	*Saxicola insignis*
白喉林鹟	*Cyornis brunneatus*
棕腹大仙鹟	*Niltava davidi*
大仙鹟	*Niltava grandis*
贺兰山岩鹨	*Prunella koslowi*

中文名	学 名
朱鹀	*Urocynchramus pylzowi*
褐头朱雀	*Carpodacus sillemi*
藏雀	*Carpodacus roborowskii*

中文名	学 名
北朱雀	*Carpodacus roseus*
红交嘴雀	*Loxia curvirostra*
蓝鹀	*Emberiza siemsseni*

中文名	学 名
藏鹀	*Emberiza koslowi*

标"★"者，由渔业行政主管部门主管；未标"★"者，由林业和草原主管部门主管。

本书中出现的照片，以雪豹保护计划Logo标识。

名录来源：国家林业和草原局 农业农村部公告（2021年第3号）（国家重点保护野生动物名录）

http://www.forestry.gov.cn/main/5461/20210205/122418860831352.html

国家重点保护野生植物名录

国家一级重点保护植物

中文名	学 名
水韭属（所有种）*	*Isoetes* spp.
荷叶铁线蕨*	*Adiantum nelumboides*
光叶蕨	*Cystopteris chinensis*
苏铁属（所有种）	*Cycas* spp.
银杏	*Ginkgo biloba*
巨柏	*Cupressus gigantea*
西藏柏木	*Cupressus torulosa*
水松	*Glyptostrobus pensilis*
水杉	*Metasequoia glyptostroboides*
崖柏	*Thuja sutchuenensis*
红豆杉属（所有种）（本书中提到的为密叶红豆杉*Taxus contorta*）	*Taxus* spp.
百山祖冷杉	*Abies beshanzuensis*
资源冷杉	*Abies beshanzuensis* var. *ziyuanensis*
梵净山冷杉	*Abies fanjingshanensis*
元宝山冷杉	*Abies yuanbaoshanensis*
银杉	*Cathaya argyrophylla*
大别山五针松	*Pinus dabeshanensis*
巧家五针松	*Pinus squamata*
毛枝五针松	*Pinus wangii*

中文名	学 名
华盖木	*Pachylarnax sinica*
峨眉拟单性木兰	*Parakmeria omeiensis*
焕镛木（单性木兰）	*Woonyoungia septentrionalis*
大黄花虾脊兰	*Calanthe striata* var. *sieboldii*
美花兰	*Cymbidium insigne*
文山红柱兰	*Cymbidium wenshanense*
暖地杓兰	*Cypripedium subtropicum*
曲茎石斛*	*Dendrobium flexicaule*
霍山石斛*	*Dendrobium huoshanense*
兜兰属（所有种，除带叶兜兰、硬叶兜兰）	*Paphiopedilum* spp. (excl. *P. hirsutissimum*, *P. micranthum*)
象鼻兰	*Phalaenopsis zhejiangensis*
铁竹	*Ferrocalamus strictus*
华山新麦草	*Psathyrostachys huashanica*
卵叶牡丹*	*Paeonia qiui*
紫斑牡丹*	*Paeonia rockii*
银缕梅	*Parrotia subaequalis*
百花山葡萄	*Vitis baihuashanensis*
绒毛皂荚	*Gleditsia japonica* var. *velutina*

中文名	学 名
小叶红豆	*Ormosia microphylla*
普陀鹅耳枥	*Carpinus putoensis*
天目铁木	*Ostrya rehderiana*
膝柄木	*Bhesa robusta*
萼翅藤	*Getonia floribunda*
红榄李*	*Lumnitzera littorea*
广西火桐	*Erythropsis kwangsiensis*
东京龙脑香	*Dipterocarpus retusus*
坡垒	*Hopea hainanensis*
望天树	*Parashorea chinensis*
云南娑罗双	*Shorea assamica*
广西青梅	*Vatica guangxiensis*
貉藻*	*Aldrovanda vesiculosa*
珙桐	*Davidia involucrata*
云南蓝果树	*Nyssa yunnanensis*
猪血木	*Euryodendron excelsum*
滇藏榄	*Diploknema yunnanensis*
杜鹃红山茶	*Camellia azalea*
辐花苣苔	*Thamnocharis esquirolii*
珍珠麒麟菜*	*Eucheuma okamurai*
发菜	*Nostoc flagelliforme*

国家二级重点保护植物

中文名	学 名
桧叶白发藓	*Leucobryum juniperoideum*
多纹泥炭藓*	*Sphagnum multifibrosum*
粗叶泥炭藓*	*Sphagnum squarrosum*
角叶藻苔	*Takakia ceratophylla*
藻苔	*Takakia lepidozioides*
石杉属（所有种）	*Huperzia* spp.
马尾杉属（所有种）	*Phlegmariurus* spp.
七指蕨	*Helminthostachys zeylanica*
带状瓶尔小草	*Ophioglossum pendulum*
观音座莲属（所有种）	*Angiopteris* spp.
天星蕨	*Christensenia assamica*
金毛狗属（所有种）	*Cibotium* spp.
桫椤科（所有种，除小黑桫椤、粗齿桫椤）	*Cyatheaceae* spp. (excl. *Alsophila metteniana* & *A. denticulata*)
水蕨属（所有种）*	*Ceratopteris* spp.
对开蕨	*Asplenium komarovii*
苏铁蕨	*Brainea insignis*
鹿角蕨	*Platycerium wallichii*
罗汉松属（所有种）	*Podocarpus* spp.
翠柏	*Calocedrus macrolepis*
岩生翠柏	*Calocedrus rupestris*
红桧	*Chamaecyparis formosensis*
岷江柏木	*Cupressus chengiana*
福建柏	*Fokienia hodginsii*
台湾杉（秃杉）	*Taiwania cryptomerioides*
朝鲜崖柏	*Thuja koraiensis*
越南黄金柏	*Xanthocyparis vietnamensis*
穗花杉属（所有种）	*Amentotaxus* spp.
海南粗榧	*Cephalotaxus hainanensis*
贡山三尖杉	*Cephalotaxus lanceolata*
篦子三尖杉	*Cephalotaxus oliveri*
白豆杉	*Pseudotaxus chienii*
榧树属（所有种）	*Torreya* spp.
秦岭冷杉	*Abies chensiensis*
油杉属（所有种，除铁坚油杉、云南油杉、油杉）	*Keteleeria* spp. (excl. *K. davidiana* var. *davidiana*, *K. evelyniana* & *K. fortunei*)

中文名	学 名
大果青扦	*Picea neoveitchii*
兴凯赤松	*Pinus densiflora* var. *ussuriensis*
红松	*Pinus koraiensis*
华南五针松	*Pinus kwangtungensis*
雅加松	*Pinus massoniana* var. *hainanensis*
长白松	*Pinus sylvestris* var. *sylvestriformis*
金钱松	*Pseudolarix amabilis*
黄杉属（所有种）	*Pseudotsuga* spp.
斑子麻黄	*Ephedra rhytidosperma*
莼菜*	*Brasenia schreberi*
雪白睡莲*	*Nymphaea candida*
地枫皮	*Illicium difengpi*
大果五味子	*Schisandra macrocarpa*
囊花马兜铃	*Aristolochia utriformis*
金耳环	*Asarum insigne*
马蹄香	*Saruma henryi*
风吹楠属（所有种）	*Horsfieldia* spp.
云南肉豆蔻	*Myristica yunnanensis*
长蕊木兰	*Alcimandra cathcartii*
厚朴	*Houpoëa officinalis*
长喙厚朴	*Houpoëa rostrata*
大叶木兰	*Lirianthe henryi*
馨香玉兰（馨香木兰）	*Lirianthe odoratissima*
鹅掌楸（马褂木）	*Liriodendron chinense*
香木莲	*Manglietia aromatica*
大叶木莲	*Manglietia dandyi*
落叶木莲	*Manglietia decidua*
大果木莲	*Manglietia grandis*
厚叶木莲	*Manglietia pachyphylla*
毛果木莲	*Manglietia ventii*
香子含笑（香籽含笑）	*Michelia hypolampra*
广东含笑	*Michelia guangdongensis*
石碌含笑	*Michelia shiluensis*
峨眉含笑	*Michelia wilsonii*

中文名	学 名
圆叶天女花（圆叶玉兰）	*Oyama sinensis*
西康天女花（西康玉兰）	*Oyama wilsonii*
云南拟单性木兰	*Parakmeria yunnanensis*
合果木	*Paramichelia baillonii*
宝华玉兰	*Yulania zenii*
蕉木	*Chieniodendron hainanense*
文采木	*Wangia saccopetaloides*
夏蜡梅	*Calycanthus chinensis*
莲叶桐	*Hernandia nymphaeifolia*
油丹	*Alseodaphne hainanensis*
皱皮油丹	*Alseodaphne rugosa*
茶果樟	*Cinnamomum chago*
天竺桂	*Cinnamomum japonicum*
油樟	*Cinnamomum longepaniculatum*
卵叶桂	*Cinnamomum rigidissimum*
润楠	*Machilus nanmu*
舟山新木姜子	*Neolitsea sericea*
闽楠	*Phoebe bournei*
浙江楠	*Phoebe chekiangensis*
细叶楠	*Phoebe hui*
楠木	*Phoebe zhennan*
孔药楠	*Sinopora hongkongensis*
拟花蔺*	*Butomopsis latifolia*
长喙毛茛泽泻*	*Ranalisma rostrata*
浮叶慈姑*	*Sagittaria natans*
高雄茨藻*	*Najas browniana*
海菜花属（所有种）*	*Ottelia* spp.
冰沼草*	*Scheuchzeria palustris*
芒苞草	*Acanthochlamys bracteata*
重楼属（所有种，除北重楼）*	*Paris* spp. (excl. *P. verticillata*)
荞麦叶大百合*	*Cardiocrinum cathayanum*
贝母属（所有种）*	*Fritillaria* spp.
秀丽百合*	*Lilium amabile*
绿花百合*	*Lilium fargesii*
乳头百合*	*Lilium papilliferum*

中文名	学 名
天山百合*	*Lilium tianschanicum*
青岛百合*	*Lilium tsingtauense*
郁金香属（所有种）*	*Tulipa* spp.
香花指甲兰	*Aerides odorata*
金线兰属（所有种）*	*Anoectochilus* spp.
白及*	*Bletilla striata*
美花卷瓣兰	*Bulbophyllum rothschildianum*
独龙虾脊兰	*Calanthe dulongensis*
独花兰	*Changnienia amoena*
大理铠兰	*Corybas taliensis*
杜鹃兰	*Cremastra appendiculata*
兰属（所有种，除美花兰、文山红柱兰和兔耳兰）	*Cymbidium* spp. (excl. *C. insigne, C. wenshanense , C. lancifolium*)
杓兰属（所有种，除暖地杓兰、离萼杓兰）	*Cypripedium* spp. (excl. *C. subtropicum, C. plectrochilum*)
丹霞兰属（所有种）	*Danxiaorchis* spp.
石斛属（所有种，除曲茎石斛、霍山石斛）*	*Dendrobium* spp. (excl. *D. flexicaule, D. huoshanense*)
原天麻*	*Gastrodia angusta*
天麻*	*Gastrodia elata*
手参*	*Gymnadenia conopsea*
西南手参*	*Gymnadenia orchidis*
血叶兰	*Ludisia discolor*
带叶兜兰	*Paphiopedilum hirsutissimum*
硬叶兜兰	*Paphiopedilum micranthum*
海南鹤顶兰	*Phaius hainanensis*
文山鹤顶兰	*Phaius wenshanensis*
罗氏蝴蝶兰	*Phalaenopsis lobbii*
麻栗坡蝴蝶兰	*Phalaenopsis malipoensis*
华西蝴蝶兰	*Phalaenopsis wilsonii*
独蒜兰属（所有种）	*Pleione* spp.
火焰兰属（所有种）	*Renanthera* spp.
钻喙兰	*Rhynchostylis retusa*
大花万代兰	*Vanda coerulea*
深圳香荚兰	*Vanilla shenzhenica*
水仙花鸢尾*	*Iris narcissiflora*
海南龙血树	*Dracaena cambodiana*

中文名	学 名
剑叶龙血树	*Dracaena cochinchinensis*
海南兰花蕉	*Orchidantha insularis*
云南兰花蕉	*Orchidantha yunnanensis*
海南豆蔻*	*Amomum hainanense*
宽丝豆蔻*	*Amomum petaloideum*
细莪术*	*Curcuma exigua*
茴香砂仁	*Etlingera yunnanensis*
长果姜	*Siliquamomum tonkinense*
董棕	*Caryota obtusa*
琼棕	*Chuniophoenix hainanensis*
矮琼棕	*Chuniophoenix humilis*
水椰*	*Nypa fruticans*
小钩叶藤	*Plectocomia microstachys*
龙棕	*Trachycarpus nanus*
无柱黑三棱*	*Sparganium hyperboreum*
短芒芨芨草*	*Achnatherum breviaristatum*
沙芦草	*Agropyron mongolicum*
三刺草	*Aristida triseta*
山涧草	*Chikusichloa aquatica*
流苏香竹	*Chimonocalamus fimbriatus*
莎禾	*Coleanthus subtilis*
阿拉善披碱草*	*Elymus alashanicus*
黑紫披碱草*	*Elymus atratus*
短柄披碱草*	*Elymus brevipes*
内蒙披碱草*	*Elymus intramongolicus*
紫芒披碱草*	*Elymus purpuraristatus*
新疆披碱草*	*Elymus sinkiangensis*
无芒披碱草	*Elymus sinosubmuticus*
毛披碱草	*Elymus villifer*
贡山竹	*Gaoligongshania megalothyrsa*
内蒙古大麦	*Hordeum innermongolicum*
纪如竹	*Hsuehochloa calcarea*
水禾*	*Hygroryza aristata*
青海以礼草	*Kengyilia kokonorica*
青海固沙草*	*Orinus kokonorica*
稻属（所有种）*	*Oryza* spp.
三蕊草	*Sinochasea trigyna*
拟高粱*	*Sorghum propinquum*

中文名	学 名
箭叶大油芒	*Spodiopogon sagittifolius*
中华结缕草*	*Zoysia sinica*
石生黄堇	*Corydalis saxicola*
久治绿绒蒿	*Meconopsis barbiseta*
红花绿绒蒿	*Meconopsis punicea*
毛瓣绿绒蒿	*Meconopsis torquata*
古山龙	*Arcangelisia gusanlung*
藤枣	*Eleutharrhena macrocarpa*
八角莲属（所有种）	*Dysosma* spp.
小叶十大功劳	*Mahonia microphylla*
靖西十大功劳	*Mahonia subimbricata*
桃儿七	*Sinopodophyllum hexandrum*
独叶草	*Kingdonia uniflora*
北京水毛茛*	*Batrachium pekinense*
槭叶铁线莲*	*Clematis acerifolia*
黄连属（所有种）*	*Coptis* spp.
莲*	*Nelumbo nucifera*
水青树	*Tetracentron sinense*
芍药属牡丹组（所有种，除卵叶牡丹和紫斑牡丹、牡丹）*	*Paeonia* sect. *Moutan* spp. (excl. *P. qiui, P. rockii & P. suffruticosa*)
白花芍药*	*Paeonia sterniana*
赤水蕈树	*Altingia multinervis*
山铜材	*Chunia bucklandioides*
长柄双花木	*Disanthus cercidifolius* subsp. *longipes*
四药门花	*Loropetalum subcordatum*
连香树	*Cercidiphyllum japonicum*
长白红景天	*Rhodiola angusta*
大花红景天	*Rhodiola crenulata*
长鞭红景天	*Rhodiola fastigiata*
喜马红景天	*Rhodiola himalensis*
四裂红景天	*Rhodiola quadrifida*
红景天	*Rhodiola rosea*
库页红景天	*Rhodiola sachalinensis*
圣地红景天	*Rhodiola sacra*
唐古红景天	*Rhodiola tangutica*
粗茎红景天	*Rhodiola wallichiana*
云南红景天	*Rhodiola yunnanensis*
乌苏里狐尾藻*	*Myriophyllum ussuriense*

中文名	学名
锁阳*	*Cynomorium songaricum*
浙江蘡薁	*Vitis zhejiang-adstricta*
四合木	*Tetraena mongolica*
沙冬青	*Ammopiptanthus mongolicus*
棋子豆	*Archidendron robinsonii*
紫荆叶羊蹄甲	*Bauhinia cercidifolia*
丽豆*	*Calophaca sinica*
黑黄檀	*Dalbergia cultrata*
海南黄檀	*Dalbergia hainanensis*
降香	*Dalbergia odorifera*
卵叶黄檀	*Dalbergia ovata*
格木	*Erythrophleum fordii*
山豆根*	*Euchresta japonica*
野大豆*	*Glycine soja*
烟豆*	*Glycine tabacina*
短绒野大豆*	*Glycine tomentella*
胀果甘草	*Glycyrrhiza inflata*
甘草	*Glycyrrhiza uralensis*
浙江马鞍树	*Maackia chekiangensis*
红豆属（所有种，除小叶红豆）	*Ormosia* spp.（excl. *O. microphylla*）
冬麻豆属（所有种）	*Salweenia* spp.
油楠	*Sindora glabra*
越南槐	*Sophora tonkinensis*
海人树	*Suriana maritima*
太行花	*Geum rupestre*
山楂海棠*	*Malus komarovii*
丽江山荆子*	*Malus rockii*
新疆野苹果*	*Malus sieversii*
锡金海棠*	*Malus sikkimensis*
绵刺*	*Potaninia mongolica*
新疆野杏*	*Prunus armeniaca*
新疆樱桃李*	*Prunus cerasifera*
甘肃桃*	*Prunus kansuensis*
蒙古扁桃*	*Prunus mongolica*
光核桃*	*Prunus mira*
矮扁桃*	*Prunus nana*
政和杏*	*Prunus zhengheensis*
银粉蔷薇	*Rosa anemoniflora*
小檗叶蔷薇	*Rosa berberifolia*

中文名	学名
单瓣月季花	*Rosa chinensis* var. *spontanea*
广东蔷薇	*Rosa kwangtungensis*
亮叶月季	*Rosa lucidissima*
大花香水月季	*Rosa odorata* var. *gigantea*
中甸刺玫	*Rosa praelucens*
玫瑰	*Rosa rugosa*
翅果油树	*Elaeagnus mollis*
小勾儿茶	*Berchemiella wilsonii*
长序榆	*Ulmus elongata*
大叶榉树	*Zelkova schneideriana*
南川木波罗	*Artocarpus nanchuanensis*
奶桑	*Morus macroura*
川桑*	*Morus notabilis*
长穗桑*	*Morus wittiorum*
光叶苎麻*	*Boehmeria leiophylla*
长圆苎麻*	*Boehmeria oblongifolia*
华南锥	*Castanopsis concinna*
西畴青冈	*Cyclobalanopsis sichourensis*
台湾水青冈	*Fagus hayatae*
三棱栎	*Formanodendron doichangensis*
霸王栎	*Quercus bawanglingensis*
尖叶栎	*Quercus oxyphylla*
喙核桃	*Annamocarya sinensis*
贵州山核桃	*Carya kweichowensis*
天台鹅耳枥	*Carpinus tientaiensis*
野黄瓜*	*Cucumis sativus* var. *xishuangbannanensis*
四数木	*Tetrameles nudiflora*
蛛网脉秋海棠*	*Begonia arachnoidea*
阳春秋海棠*	*Begonia coptidifolia*
黑峰秋海棠*	*Begonia ferox*
古林箐秋海棠*	*Begonia gulinqingensis*
古龙山秋海棠*	*Begonia gulongshanensis*
海南秋海棠*	*Begonia hainanensis*
香港秋海棠*	*Begonia hongkongensis*
永瓣藤	*Monimopetalum chinense*
斜翼	*Plagiopteron suaveolens*
合柱金莲木	*Sauvagesia rhodoleuca*

中文名	学名
川苔草属（所有种）*	*Cladopus* spp.
川藻属（所有种）*	*Dalzellia* spp.
水石衣*	*Hydrobryum griffithii*
金丝李	*Garcinia paucinervis*
双籽藤黄*	*Garcinia tetralata*
海南大风子	*Hydnocarpus hainanensis*
额河杨	*Populus* × *irtyschensis*
寄生花	*Sapria himalayana*
东京桐	*Deutzianthus tonkinensis*
千果榄仁	*Terminalia myriocarpa*
小果紫薇	*Lagerstroemia minuticarpa*
毛紫薇	*Lagerstroemia villosa*
水芫花	*Pemphis acidula*
细果野菱（野菱）*	*Trapa incisa*
虎颜花*	*Tigridiopalma magnifica*
林生杧果	*Mangifera sylvatica*
梓叶槭	*Acer amplum* subsp. *catalpifolium*
庙台槭	*Acer miaotaiense*
五小叶槭	*Acer pentaphyllum*
漾濞槭	*Acer yangbiense*
龙眼*	*Dimocarpus longan*
云南金钱槭	*Dipteronia dyeriana*
伞花木	*Eurycorymbus cavaleriei*
掌叶木	*Handeliodendron bodinieri*
爪耳木	*Lepisanthes unilocularis*
野生荔枝*	*Litchi chinensis* var. *euspontanea*
韶子*	*Nephelium chryseum*
海南假韶子	*Paranephelium hainanense*
宜昌橙*	*Citrus cavaleriei*
道县野桔*	*Citrus daoxianensis*
红河橙*	*Citrus hongheensis*
莽山野桔*	*Citrus mangshanensis*
山橘*	*Fortunella hindsii*
金豆*	*Fortunella venosa*
黄檗	*Phellodendron amurense*
川黄檗	*Phellodendron chinense*
富民枳*	*Poncirus* × *polyandra*
望谟崖摩	*Aglaia lawii*

中文名	学 名
红椿	*Toona ciliata*
木果楝	*Xylocarpus granatum*
柄翅果	*Burretiodendron esquirolii*
滇桐	*Craigia yunnanensis*
海南椴	*Diplodiscus trichospermus*
蚬木	*Excentrodendron tonkinense*
梧桐属（所有种，除梧桐）	*Firmiana* spp.（excl. *F. simplex*）
蝴蝶树	*Heritiera parvifolia*
平当树	*Paradombeya sinensis*
景东翅子树	*Pterospermum kingtungense*
勐仑翅子树	*Pterospermum menglunense*
粗齿梭罗	*Reevesia rotundifolia*
紫椴	*Tilia amurensis*
土沉香	*Aquilaria sinensis*
云南沉香	*Aquilaria yunnanensis*
半日花*	*Helianthemum songaricum*
狭叶坡垒	*Hopea chinensis*
翼坡垒（铁凌）	*Hopea reticulata*
西藏坡垒	*Hopea shingkeng*
青梅	*Vatica mangachapoi*
伯乐树（钟萼木）	*Bretschneidera sinensis*
蒜头果	*Malania oleifera*
瓣鳞花	*Frankenia pulverulenta*
疏花水柏枝	*Myricaria laxiflora*
金荞麦*	*Fagopyrum dibotrys*
金铁锁	*Psammosilene tunicoides*
苞藜*	*Baolia bracteata*
阿拉善单刺蓬*	*Cornulaca alaschanica*
黄山梅	*Kirengeshoma palmata*
蛛网萼	*Platycrater arguta*
海南紫荆木	*Madhuca hainanensis*
紫荆木	*Madhuca pasquieri*
小萼柿*	*Diospyros minutisepala*
川柿*	*Diospyros sutchuensis*
羽叶点地梅*	*Pomatosace filicula*
圆籽荷	*Apterosperma oblata*
山茶属金花茶组（所有种）	*Camellia* sect. *Chrysantha* spp.

中文名	学 名
山茶属茶组（所有种，除大叶茶、大理茶）*	*Camellia* sect. *Thea* spp. (excl. *C. sinensis* var. *assamica*, *C. taliensis*)
大叶茶	*Camellia sinensis* var. *assamica*
大理茶	*Camellia taliensis*
秤锤树属（所有种）	*Sinojackia* spp.
软枣猕猴桃*	*Actinidia arguta*
中华猕猴桃*	*Actinidia chinensis*
金花猕猴桃*	*Actinidia chrysantha*
条叶猕猴桃*	*Actinidia fortunatii*
大籽猕猴桃*	*Actinidia macrosperma*
兴安杜鹃	*Rhododendron dauricum*
朱红大杜鹃	*Rhododendron griersonianum*
华顶杜鹃	*Rhododendron huadingense*
井冈山杜鹃	*Rhododendron jingangshanicum*
江西杜鹃	*Rhododendron kiangsiense*
尾叶杜鹃	*Rhododendron urophyllum*
圆叶杜鹃	*Rhododendron williamsianum*
绣球茜	*Dunnia sinensis*
香果树	*Emmenopterys henryi*
巴戟天	*Morinda officinalis*
滇南新乌檀	*Neonauclea tsaiana*
辐花	*Lomatogoniopsis alpina*
驼峰藤	*Merrillanthus hainanensis*
富宁藤	*Parepigynum funingense*
新疆紫草*	*Arnebia euchroma*
橙花破布木	*Cordia subcordata*
黑果枸杞*	*Lycium ruthenicum*
云南枸杞*	*Lycium yunnanense*
水曲柳	*Fraxinus mandschurica*
天山梣	*Fraxinus sogdiana*
毛柄木犀	*Osmanthus pubipedicellatus*
毛木犀	*Osmanthus venosus*
瑶山苣苔	*Dayaoshania cotinifolia*
秦岭石蝴蝶	*Petrocosmea qinlingensis*
报春苣苔	*Primulina tabacum*
胡黄连	*Neopicrorhiza scrophulariiflora*

中文名	学 名
丰都车前*	*Plantago fengdouensis*
长柱玄参*	*Scrophularia stylosa*
盾鳞狸藻*	*Utricularia punctata*
苦梓	*Gmelina hainanensis*
保亭花	*Wenchengia alternifolia*
草苁蓉*	*Boschniakia rossica*
肉苁蓉*	*Cistanche deserticola*
管花肉苁蓉*	*Cistanche mongolica*
崖白菜	*Triaenophora rupestris*
扣树	*Ilex kaushue*
刺萼参*	*Echinocodon draco*
白菊木	*Leucomeris decora*
巴朗山雪莲	*Saussurea balangshanensis*
雪兔子	*Saussurea gossipiphora*
雪莲	*Saussurea involucrata*
绵头雪兔子	*Saussurea laniceps*
水母雪兔子	*Saussurea medusa*
阿尔泰雪莲	*Saussurea orgaadayi*
革苞菊	*Tugarinovia mongolica*
七子花	*Heptacodium miconioides*
丁香叶忍冬	*Lonicera oblata*
匙叶甘松	*Nardostachys jatamansi*
人参属（所有种）*	*Panax* spp.
华参*	*Sinopanax formosanus*
山茴香*	*Carlesia sinensis*
明党参*	*Changium smyrnioides*
川明参*	*Chuanminshen violaceum*
阜康阿魏*	*Ferula fukanensis*
麝香阿魏*	*Ferula moschata*
新疆阿魏*	*Ferula sinkiangensis*
珊瑚菜（北沙参）*	*Glehnia littoralis*
硇洲马尾藻*	*Sargassum naozhouense*
黑叶马尾藻*	*Sargassum nigrifolioides*
鹿角菜*	*Silvetia siliquosa*
耳突卡帕藻*	*Kappaphycus cottonii*
虫草（冬虫夏草）	*Ophiocordyceps sinensis*
蒙古口蘑*	*Leucocalocybe mongolica*
松口蘑（松茸）*	*Tricholoma matsutake*
中华夏块菌*	*Tuber sinoaestivum*

标★者归农业农村主管部门分工管理，其余归林业和草原主管部门分工管理

本书中出现的照片，以雪豹保护计划Logo标识

名录来源：国家林业和草原局农业农村部公告（2021年第15号）（国家重点保护野生植物名录）

http://www.forestry.gov.cn/main/3954/20210908/163949170374051.html

参考文献

[1] 蒋志刚，刘少英，吴毅等.中国哺乳动物多样性（第2版）[J]. 生物多样性，2017，025（008）：886-895.

[2] 中国观鸟年报编辑.中国观鸟年报-中国鸟类名录8.0版[Z]，2020.

[3] 徐永清.珠峰简史[M].北京：商务印书馆，2017.

[4] 国家重点保护野生动物名录（2021年2月1日修订）[J].野生动物学报，2021，42（02）：605-640.

[5] 刘阳，陈水华. 中国鸟类观察手册[M].长沙：湖南科学技术出版社，2021.

[6] 中国植物物种名录（2021版）.2021，中国科学院植物科学数据中心，doi: 10.12282/plantdata.0021.

[7] 赵金科.珠穆朗玛峰地区侏罗、白垩纪菊石. 珠穆朗玛峰地区科学考察报告 古生物（第三分册）[M]. 北京：科学出版社，1976：503-570.

[8] 邓涛. 青藏高原隆升与哺乳动物演化[J]. 自然杂志，2013，35（003）：193-199.

[9] 刘少英，吴毅，李晟.中国兽类图鉴（第二版）[M]. 福州：海峡书局，2020.

[10] 旦增，李炳章，尹志坚.珠穆朗玛峰国家级自然保护区密叶红豆杉所在群落的特征及区系分析[J].植物科学学报，2020，38（01）：58-67.

[11] 潘虎君，杨道德，覃海华，张亮，蒋珂，胡慧建.珠穆朗玛峰国家级自然保护区两栖爬行动物多样性及区系[J].生物多样性，2013，21（05）：610-615.

[12] 马飞，李景吉，彭培好，高志勇，阚瑷珂.珠穆朗玛峰国家自然保护区南北坡植被覆盖变化[J].地理科学进展，2010，29（11）：1427-1432.

[13] 李国庆，阚瑷珂，王绪本，高志勇，汪涵，陈露，永忠.珠穆朗玛峰国家级自然保护区湿地分布研究[J].湿地科学，2009，7（04）：289-298.

[14] 次旦伦珠.珠穆朗玛峰自然保护区概况[J].中国藏学，1997（01）：3-22.

[15] 李渤生.珠穆朗玛峰自然保护区的初步评价[J].自然资源学报，1993（02）：97-104.

[16] 徐波.神秘的定日雪兔子和它的伙伴们[J].森林与人类，2018（04）：108-121.

[17] 陈又生，彭建生，孙月亮.雪莲绽放在雪域高原[J].森林与人类，2018（04）：8-31.

[18] 周立华.青藏高原绿绒蒿属的研究[J].东北林学院植物研究室汇刊，1980（03）：91-101.

[19] 徐波，董磊.绿绒蒿喜马拉雅的传奇[J].森林与人类，2016（04）：14-29.

[20] 董磊，罗浩，李晟.西藏吉隆县发现亚洲胡狼（*Canis aureus*）[J].兽类学报，2019，39（02）：224-226.

[21] 周海艺，张旭，徐畅隆，徐波.中国绿绒蒿属新资料[J].西北植物学报，2021,41（10）:1781-1784.

鸣谢：

感谢以下机构为本书出版提供大力支持

西藏生物影像保护机构英文全称为Biodiversity Image conservation To Tibet，英文缩写为TBIC，成立于2010年。该机构是目前西藏第一家致力于生物多样性考察和保护的影像环保公益机构。

创始人罗浩从2010年开始将摄影和影像引入西藏环境生态保护中。带领团队从2010年至2018年先后对喜马拉雅北坡地区的雅鲁藏布大峡谷、巴松措、鲁朗、阿里神山圣湖、墨脱、察隅、珠峰北坡东坡、亚东、吉隆、错那等地进行了生物多样性持续的考察。立志"用影像守护西藏生物"。

此项目的持续影响力更体现在考察成果的宣传中。2012年，在北京、上海、广州、成都、重庆等地举行成果巡展。2013年，TBIC将在雅鲁藏布大峡谷区域历时多年的考察成果联合北京出版集团主编出版《雅鲁藏布的眼睛》一书，即"环喜马拉雅生态观测丛书"，之后又将在巴松措、鲁朗、阿里神山圣湖、墨脱、察隅的考察成果主编出版《生命记忆》《山湖之灵》《莲花秘境》等书。2019年，罗浩主编出版"环喜马拉雅生态博物丛书"，包括《雪山陆战队》《雪域生灵》《空中领主与掠浮艳影》《高原飞翼》《森林的旋律》《静美的生命》《美丽的绽放》等七本著作。2021年，编辑出版《世界之巅》。

北京市海淀区陆桥生态中心（Eco-Bridge Continental，EBC）是我国本土生态环保机构，与北京林业大学野生动物研究所结成长期战略合作伙伴，以科学研究为先导，以生态保护技术和实践活动为核心，基于全球视野和生态学理念，致力于自然和生物多样性保护、自然保护宣传教育，以及生态保护技术培训等工作。目前主要聚焦雪豹、豹、云豹等中大型猫科动物和亚洲象等陆生野生动物旗舰物种保护问题，为维护自然生态平衡，促进人与自然和谐发展铺路搭桥。

野性中国（Wild China Film）是一家致力于用影像的方式传播和推广自然保护理念的公益机构。通过对中国野生生物和自然环境的拍摄，努力实现"用影像保护自然"的信念。通过举办野生动物摄影训练营、发起并实施中国濒危物种影像计划，用出版、展览、纪录片、影像库等多种形式传播和展现中国独特和壮丽的野生生物和自然景观，以唤起公众对中国自然的关注与热爱。

JAKET

JAKET是由中国野生动物摄影师根据自己的生活方式于1998年创立的品牌，经过20多年的积淀，形成了以"家、环保、原生态、轻户外、灰调艺术、减法美学、生活方式"为印记的品牌，现已从服饰延伸到了咖啡、轻食、书吧、生活杂品、家居等综合服务业态。"合理而可持续"是JAKET始终保持的价值体系，在追求产品美学价值的同时，更重视消费行为对生态环境的影响。JAKET长期积极参与中国野生动植物的保护，并持续资助公益拍摄野生动物影像，立企宗旨是希望能通过影像来提高公众的环保意识，改善中国生态环境。

贵州
田野环境与发展
研究中心

Community-Based
Conservation and
Development Research Center

贵州田野环境与发展研究中心（Community-Based Conservation and Development Research Center）是以促进农村为主体的自然资源管理、理论探索及应用为目标的公益发展机构，中心致力于促进参与式农村评估方法及理念在贫困地区的推广应用，推广社区为主体的参与式保护方式，促进参与式方法在保护机构的应用、推广，最终达到自然保护与社区的可持续发展。

感谢以下专家、学者为本书的编撰提出宝贵意见

李渤生

1946年6月出生，江西永新人。1970年，毕业于北京大学。现任职于中国科学院植物研究所，同时兼任WCPA/IUCN东亚地区常务委员会委员，东亚自然保护研究、监测与培训中心主任。

主要从事植物生态学保护、生物学和生态旅游的研究工作，特别在中国青藏高原的植被与自然保护研究工作中作出了突出贡献。曾50余次赴青藏高原考察，是珠穆朗玛峰国家级自然保护区的缔造者之一。

时　坤

博士，北京林业大学生态与自然保护学院教授，野生动物研究所所长，陆桥生态中心创始人。本科毕业于东北林业大学野生动物专业，留学东京农工大学并获得博士学位，先后在日本国家草地研究中心和牛津大学野生动物保护研究所任博士后研究员；长期从事雪豹等濒危野生动物保护生物学研究，IUCN猫科动物专家组（CAT-SG）成员、世界保护地委员会（WCPA）和教育与传播委员会（CEC）委员。

宋茂双

研究员，1965年8月出生，博士，现任研究员，博士生导师。1996年，毕业于中国科学院地球化学研究所，获得理学博士学位。曾在日本、美国的大学及研究机构从事高压实验研究工作多年，2006年到广州地化所工作。已发表论文30余篇，其中SCI文章20篇。

胡慧建

自本科以来一直从事不同领域的保护学习和实践，曾先后就读于浙江林学院森林保护专业（本科），华南农业大学植物保护专业（硕士），中国科学院动物研究所动物保护生物学专业，获生态学博士学位。2003年，在北京大学完成湿地保护专业的博士后工作，现于华南濒危动物研究所动物生态与恢复研发中心主要从事动物生态学和保护生物学研究。

左凌仁

自由撰稿人、野生动物摄影师，《中国国家地理》杂志特约编辑。毕业于中央民族大学，曾担任美国《国家地理》杂志简体中文版资深编辑，影像生物调查所（IBE）传媒总监，长期关注中国环境保护和野生动植物领域的动向，关注中国自然保护与人类社会发展的互动话题，致力于用文字、图片、纪录片等形式向公众传递中国的自然之美。

余天一

科普文章作者、生态摄影师和科学绘画画师，北京林业大学环境设计系学士，英国皇家植物园邱园和伦敦玛丽女王大学硕士，专业为植物和真菌的分类、多样性和保护。作为科普作者长期为《中国国家地理》《博物》《森林与人类》等杂志供稿，摄影作品于2020年世界园艺摄影师大赛（IGPOTY）获得单项一等奖。科学绘画多次参加画展，于2014年中国国家地理自然影像大赛获得手绘自然组银奖，2017年第19届世界植物学大会获得中国植物艺术画展银奖，现为《柯蒂斯植物学》（*Curtis's Botanical Magazine*）杂志供稿画师。